早春玉米小棚栽培揭膜后的状态

早春玉米小棚栽培

早春玉米小小棚栽培

小麦／早春玉米
种植模式

早春玉米／花生
种植模式

早春玉米／棉花
种植模式

早春玉米／秋玉米种植模式

茶树／早春玉米
种植模式

桑树／早春玉米
种植模式

早春玉米/甘薯/秋玉米种植模式

桃树/早春玉米/花生种植模式

麦收时的早春玉米生长状态

玉米超常早播及高产多收种植模式

主 编
胡学爱

编著者
袁继超 赵世勇
刘 勇 谢明逸

金盾出版社

内 容 提 要

本书由四川省雅安市玉米研究开发中心组织编写，编著者为胡学爱、袁继超、赵世勇、刘勇、谢明逸等。内容包括：玉米超常早播高产多收种植技术，稻田、旱地、果（桑）园玉米种植模式的产量（值）指标及多熟作物的茬口衔接、技术流程和栽培技术。该项技术和模式的推广应用有利于农民收入较快增加和粮食产量稳步增长，对于农业产业结构调整、改革耕作制度、发展农村经济、实现小康目标，具有指导意义和实用价值。本书内容通俗明了，容易操作，适合农民、农技人员、农村干部和农业院校师生参考应用。

图书在版编目(CIP)数据

玉米超常早播及高产多收种植模式/胡学爱主编；袁继超等编著．—北京：金盾出版社，2006.3
ISBN 978-7-5082-3968-2

Ⅰ．玉…　Ⅱ．①胡…②袁…　Ⅲ．玉米-栽培　Ⅳ．S513

中国版本图书馆 CIP 数据核字(2006)第 014189 号

金盾出版社出版、总发行
北京太平路 5 号（地铁万寿路站往南）
邮政编码：100036　电话：68214039　83219215
传真：68276683　网址：www.jdcbs.cn
彩色印刷：北京百花彩印有限公司
黑白印刷：北京天宇星印刷厂
装订：北京天宇星印刷厂
各地新华书店经销
开本：787×1092 1/32　印张：3.375　彩页：4　字数：71 千字
2008 年 9 月第 1 版第 3 次印刷
印数：16001—26000 册　定价：6.00 元

序　言

中国有句古语，叫“十年磨一剑”。其意是说，持剑者具有一种坚韧不拔、锐意进取的气质和精神，用去10年（很长时间）的功夫，把剑刃磨砺得锋锐难挡，把剑术挥练得高超出众，达到了理想的程度和境界，令世人赞叹。

眼下，放在我们面前的《玉米超常早播及高产多收种植模式》这本书，就是以四川省雅安市农业科学研究所副所长、研究员胡学爱为首的一批农业科研、推广人员，经过整整十年的不懈探索、研究和艰辛磨砺、追求，最终获得的农业科技创新成果和实践经验总结。这批农业科研、推广人员，在四川省农业厅的关心、支持下，深怀对“三农”（农业、农村、农民）的深厚感情，肩负对农业科研、推广工作的职责，针对四川省和全国同类地区高温干旱，造成玉米产量低而不稳和严重减产或无收的灾害性气候因素，以国内外先进农业科技理论为指导，以自己握有的先进实用农业技术为支撑，走理论与实践相结合、农业科研与推广相结合及专业科研人员与农村基层干部、农技推广人员、农民群众相结合的路子，经过长期的比较研究和反复试验、示范和推广，创立了玉米超常早播及高产多收种植模式的技术路线和措施，获得1999年度四川省农业厅科技进步一等奖。该技术经四川省科技厅选定为本省科技创新成果（批准登记号为1999—456），在全省农业生产上推广应用。

这项创新技术的核心和要点，在于超常规抗低温提早玉米播栽时间（人们称“早春玉米”），不仅使玉米的出苗期、生长期明显提前和拉长，培育出了生长健壮、个体均衡的营养体，更主要的是把玉米的生育期（抽穗扬花期）提前到伏旱出现之前，处于相对安全的气候条件下，既能有效地抵御夏旱，更能躲避、错开伏旱的威胁和危害，把玉米生产建立在营养生长稳健、抽穗扬花安全、产量居高可靠的基础上，最终获得明显的增产增收效果。这是我们尤其是广大农民朋友多年来所倾心追求的。因此，这项创新技术颇受农民群众的欢迎和有关方面的称道。

农业农村经济发展，广大农民增收致富，离不开科学技术的武装和先进实用技术的推广。这本书思路清晰，理念创新，注重实践，追求目的，资料详实，可信度高，具有较高的理论水平，尤其具有很强的针对性、指导性和可操作性，适合农业院校师生，从事农业行政管理、农业技术推广、农业科学研究的干部，农业技术推广员，农村乡镇、村社干部和爱科学、学科学、用科学的农民朋友阅读、参考和运用。

我相信，只要我们把这本书提出的技术路线和措施，认认真真地运用落实到玉米生产实践中去，一定会将四川省和全国同类地区的玉米生产推进到一个新阶段、提高到一个新水平，为农民的增产增收作出新的更大贡献。

文 正 经

文正经同志为四川省农业厅原厅长、高级农艺师，现任四川省政协常委、农业委员会主任

目　录

第一章　玉米超常早播高产多收种植技术……………………（1）
一、玉米超常早播是高产多收的核心 ……………………（1）
（一）玉米超常早播的含义 ……………………………（1）
（二）玉米超常早播的作用 ……………………………（2）
（三）玉米超常早播的技术要点 ………………………（4）
二、选用中熟粳稻良种是高产多收的关键 ……………（8）
三、搞好配套栽培、病虫害防治是高产多收的保障 …（10）
（一）配套栽培技术 ……………………………………（10）
（二）病虫害防治方法 …………………………………（29）
第二章　稻田玉米种植模式 …………………………………（38）
一、基本种植模式及栽培技术……………………………（38）
（一）种植模式及产量（值）指标 ………………………（38）
（二）栽培技术 …………………………………………（39）
二、八种种植模式及栽培技术……………………………（41）
模式一（春马铃薯‖春菜/鲜食春玉米/大豆/鲜食秋玉米）………………………………………………（41）
模式二（春马铃薯‖春菜/鲜食春玉米/夏玉米/秋大豆）………………………………………………（43）
模式三（小麦‖春菜/鲜食春玉米/大豆/秋玉米）……（46）
模式四（小麦‖春菜/早春玉米/大豆/秋玉米）……（48）
模式五[春菜/早春玉米/药材（麦冬）/秋菜]………（50）
模式六（小麦‖春菜/鲜食春玉米—迟中稻）………（52）
模式七（春马铃薯‖春菜/早春玉米—迟中稻）……（54）
模式八（小麦‖春菜/早春玉米—迟中稻）…………（56）

第三章　旱地玉米种植模式 …………………………… (59)
一、基本种植模式及栽培技术…………………………… (59)
(一)种植模式及产量(值)指标 ……………………… (59)
(二)栽培技术 ………………………………………… (61)
二、十二种种植模式及栽培技术………………………… (62)
模式一(小麦‖春菜/鲜食春玉米/甘薯/鲜食秋玉米)………………………………………………… (62)
模式二(春马铃薯‖春菜/早春玉米/大豆/秋玉米)………………………………………………… (65)
模式三(小麦‖春菜/早春玉米/秋玉米/秋马铃薯)………………………………………………… (67)
模式四(小麦‖春菜/鲜食春玉米/甘薯/秋玉米) … (69)
模式五(小麦‖春菜/西瓜/夏玉米/秋甘薯)……… (71)
模式六(小麦‖春菜/早春玉米/甘薯/秋菜)……… (73)
模式七(小麦‖春菜/鲜食春玉米/夏大豆/秋大豆) … (75)
模式八(小麦‖春菜/西瓜/秋玉米) ……………… (77)
模式九(小麦‖春菜/鲜食春玉米/秋玉米/秋大豆)………………………………………………… (79)
模式十(春马铃薯‖春菜/早春玉米/秋玉米/秋大豆)………………………………………………… (81)
模式十一(小麦‖春菜/花生/夏玉米/秋菜)……… (84)
模式十二(小麦‖春菜/早春玉米/甘薯/秋玉米)…… (86)
第四章　果(桑)园玉米种植模式 …………………… (89)
模式一[果(桑)树/小麦‖春菜/早春玉米/甘薯/秋大豆]…………………………………………… (89)
模式二[果(桑)树/春马铃薯‖春菜/花生/秋玉米]………………………………………………… (91)
模式三[果(桑)树/小麦‖春菜/西瓜/秋玉米]…… (93)
参考文献 ………………………………………………… (96)

第一章　玉米超常早播高产多收种植技术

一、玉米超常早播是高产多收的核心

（一）玉米超常早播的含义

玉米超常早播是指春玉米提早 50 天左右播种。在四川省平坝、丘陵区，可将春玉米播种期从原来的 3 月下旬、4 月上旬提早到 2 月上、中旬。为了保证超常早播的玉米能够苗全、苗齐、苗壮，播种时必须采用盖膜（双膜）育苗，幼苗移栽到大田，应覆盖秸秆或地膜。早春气温较低的四川盆地西北部以及为使鲜食春玉米能赶在端午节上市的地方，幼苗移栽到大田，还可以在地里搭盖小拱棚（示意图之一、示意图之二），3 月份晴天时应揭膜通风降温，以免烧苗，于 4 月上、中旬撤去小拱棚。根据多点测试资料，棚膜增温 2.9℃～4.8℃，平均 3.8℃，棚膜内温度一般都在 12℃以上，并保持一定的水分，完全能够满足玉米幼苗正常生长的需要。

超常早播的春玉米于 7 月上、中旬成熟，比正常季节春玉米提早 15～20 天，为后作栽种水稻或增种秋玉米、豆类提供了早茬口，也为调整种植结构、发展多熟种植新模式创造了前提条件。生产实践证明，四川省大部分地区超常早播的玉米幼苗移栽到大田，一般只需覆盖秸秆或地膜，部分地区还可露地栽培。本技术的适用性和可操作性强。

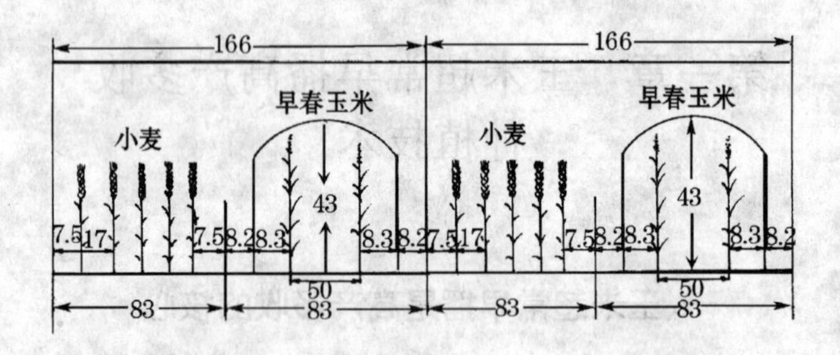

小拱棚("双二五")示意图之一 （单位:厘米）

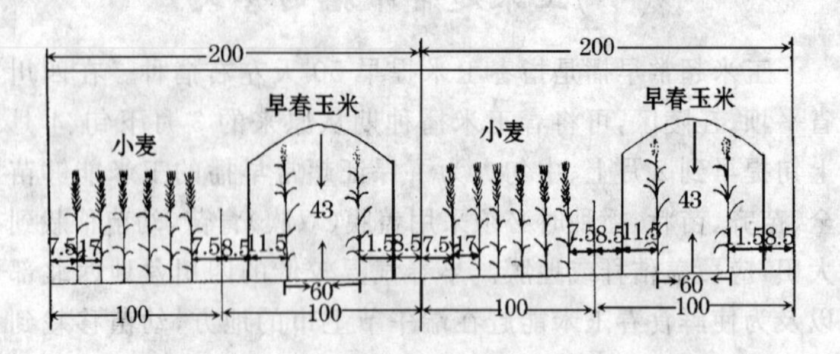

小拱棚("双三○")示意图之二 （单位:厘米）

(二)玉米超常早播的作用

玉米超常早播,可以使玉米产生四个方面的变化,带来四个方面的增产效果。

一是玉米生育期延长,自身增产。玉米超常早播 50 天,生育期延长 30 天左右。早春玉米生育期从原来的 110～125 天增加到 145～150 天,其中吐丝至成熟增加 10 天左右,达到 45～50 天。生育期长短特别是灌浆期长短与产量成正相关。生育期延长,光合产物增多,产量相应提高。1995～1998 年在四川省雅安市雨城区大兴镇进行玉米超常早播试验研究，用雅玉2号于2月19～23日播种，生育期141～148天，每667平方米(667平方米=1/15公顷=1亩，下同)产量达605～689.9千克。而在同期同地于4月上、中旬播种的雅玉2号生育期120～125天，产量为400～450千克。两者相比，雅玉2号超常早播，生育期延长20多天，比正常季节播种的产量增加30%～50%。

二是玉米生育进程前移，避灾增产。玉米超常早播，生育进程前移1个月。孕穗期由6月份移至5月份。而5月份的气温为20℃～22.5℃、比6月份的气温低2.5℃，降水量也比6月份略少，使产量形成的关键时期处于温度、水分较为适宜的时段。抽雄吐丝期由6月下旬提前到5月下旬，避开了伏前梅雨，减轻了夏旱的危害。灌浆期从7月份提前到6月份，完全避开了高温伏旱的危害，而且灌浆期6月份温度为22.5℃～25℃、比7月份温度低2.5℃～3.5℃，夜温18℃左右、比较适宜，雨量较为充沛，有利于干物质的制造和积累，早春玉米产量自然得到提高。

三是玉米株高降低，密植增产。玉米超常早播，拔节孕穗期从6月份移到5月份，月平均气温为20℃～22.5℃、比6月份低2.5℃。玉米根系生长旺盛，茎秆节间缩短增粗，植株高度降低30～40厘米。因此，可以增加种植密度30%～50%，从每667平方米种植3 000～3 500株增加到4 000～4 500株，产量也相应得到提高。

四是玉米成熟期提前，多熟增产。玉米超常早播，成熟期提前15～20天，于7月上、中旬成熟，为接种后作的迟中稻或秋玉米、秋大豆、秋菜等提供了早茬口。水稻可于5月上旬播种，每667平方米产量达400～500千克；秋玉米可于6月中、下旬播种，每 667 平方米产量达 250～300 千克。这样，可以改水稻—小麦 1 年两熟为小麦/玉米—水稻 1 年三熟，改小麦/玉米/甘薯 1 年三熟为小麦/玉米/甘薯/玉米 1 年四熟，可提高复种指数，实现多熟增产。

（三）玉米超常早播的技术要点

1. 盖膜育苗，加强苗床管理

玉米盖膜育苗可以采用玉米塑料软盘育苗或者肥团育苗方式。

(1)玉米塑料软盘育苗

①播前准备　塑料软盘选用每张 100 孔的规格，每 667 平方米用软盘 40～45 张（双株育苗用 20～23 张），软盘可用几年、多次使用。苗床地选择土层较厚、土质肥沃、背风向阳、便于管理的地块。玉米种子播前应经过晒种精选。

②苗床整地　每 667 平方米用苗床地 5～8 平方米，深挖，培细，耙平，四周做浅埂，床宽以便于管理、盖膜为宜。就近取表层土壤 100～150 千克，加过筛腐熟干渣肥 35～50 千克和磷肥 1 千克充分混合配制成营养土。若土壤粘性重，应加适量沙性肥沃土壤。

③播种、盖膜和搭盖小棚　播种时用清水泼湿床底，把软盘放入苗床土中，使盘底与苗床充分接触，然后将营养土装入盘孔内，先装填盘孔达 3/4 深时，播种 1 粒或 2 粒大小一致的种子（平放种子使种胚向上）。再用营养土盖种（填满盘孔），并浇透水分，种子不能裸露。最后用地膜水平铺盖整个苗床，其上再用竹片做骨架，搭盖小拱棚。小拱棚的做法是在苗床上每隔 50～70 厘米，架一小竹条（或柳条、树枝），呈拱形，拱顶高 40～50 厘米，然后在拱架上覆盖塑料薄膜。待玉米现针

时，揭去地膜。小拱棚到玉米移栽时撤除。夏、秋玉米育苗因气温高，可以不盖地膜，不搭小拱棚，只用稻草（或麦秸）覆盖3～6厘米厚，浇透水分。

④苗床管理　玉米现针80％以上时及时揭去地膜或稻草。春天对小拱棚应经常检查。在寒潮大风来临前及早加固棚膜边，堵住棚膜破口。晴天膜内气温上升快，应及时揭开小拱棚两端的膜通风降温，避免高温烧苗。苗床严重缺水时，可在上午9时前、下午5时后泼浇清淡粪水。移栽前2～3天揭开小棚膜炼苗。揭膜后若遇寒潮低温，要将棚膜重新盖好，待寒潮过后，再撤去小棚，将苗子移栽到大田。

⑤小叶龄壮苗移栽　播种后20～25天，幼苗2叶至2叶1心时移栽到大田。幼苗过大或过小，移栽成活率都不高。移栽时轻取轻放，避免伤苗。夏、秋玉米育苗因气温高，苗龄7～9天、幼苗3～3.5叶时可移栽到大田。

(2)玉米肥团育苗　苗床地选择与塑料软盘育苗要求相同。肥团制作方法是：用本土2/3和过筛腐熟干渣肥1/3配成营养土（每667平方米500～600千克），每100千克营养土加磷肥1千克。若本土粘性重，应加适量沙性肥沃细土掺和。然后加水拌和均匀，至持水量70％（达到手捏成团、落地即散的标准），用手捏成鹅蛋大小的肥团，在一端用手指戳一个一手指节深（2厘米左右）的小洞，依次排放于苗床中。同时在肥团的小洞内平放1～2粒种子，种胚向上，盖细土2厘米厚，种子不能裸露。再用地膜水平铺盖。早春玉米育苗须加盖小拱棚。苗床管理同塑料软盘育苗。

2. 幼苗移栽，加强田间管理

为了保证超常早播玉米的苗全、苗齐、苗壮，必须认真仔细地做好幼苗的移栽和栽后的管理工作。其操作方法如下。

(1)开挖移栽沟　实行“双二五”种植规格的为小麦带0.83米，预留空行0.83米。在预留行收获早熟短期作物（如蔬菜、绿肥）后，及时深挖细耕，清除秸秆残渣和石块等。然后，在距离小麦两边行16.5厘米处，掏两条深13～17厘米、宽10厘米的移栽沟，两条沟间（即两行玉米间的窄行距）隔44～50厘米。实行“双三〇”种植规格的为小麦带1米，预留空行1米，两行玉米间的窄行距为54～67厘米。

(2)座水座肥　先在移栽沟内施入干粪（包括磷、钾肥），再施足稀粪水，然后浅覆土（为了使幼苗根不接触肥料）。

(3)定向移栽　将苗团按种植密度确定的窝距，两行错株摆放在移栽沟内，实行定向移栽。定向方法是将叶片摆成与行向垂直的方向，即第一片叶向宽带。然后用细土压紧使根紧密接触土壤，再覆土盖住苗团，不压表土，不浇水，以防表土板结龟裂。

(4)盖草或盖地膜　早春玉米幼苗移栽后用秸秆或地膜覆盖，秸秆覆盖方法将在后文中介绍。盖地膜的方法是：选用宽70厘米、厚0.004～0.005毫米的超微膜（每667平方米用1.2千克左右）覆盖厢面，边盖膜边破膜引苗。使膜紧贴厢面，破口处用细泥盖好，两边和两端用细土压严。早春气温低、寒潮频繁的地方或赶收鲜食春玉米的可加盖小拱棚（方法可参照育苗搭盖小拱棚的做法）。小拱棚栽培须注意加强管理，当晴天小棚内温度超过30℃时，应揭膜通风降温，以免烧苗。根据多年的经验，3月下旬晴天时应揭开两端膜，4月上旬晴天时揭开半边膜。4月中旬（旬平均气温17℃左右）撤除小拱棚，地膜可于施攻穗（苞）肥时揭除。

(5)加强管理　在重施基肥的前提下，看苗追施苗肥、拔节肥。在小麦收获前要追肥1～2次。切忌老苗，使玉米株高超过小麦。提苗肥应以人、畜粪为主，加适量化肥。注意防止小麦倒伏压苗。

3. 选用大穗良种

早春玉米选用中熟、穗大粒多、丰产性好、抗逆性强、株型紧凑、苗期较耐寒冷、长势旺等特征特性的玉米品种。一般每667平方米产量可达500千克以上。玉米超常早播，不能选用增产潜力小的早熟品种。近期可选用雅玉10号、雅玉8号、澄海11等良种。鲜食春玉米可选用中熟（中早熟）、品质好的品种或糯玉米、白玉米，近期可选用黄玉米如石单3号、珍珠糯3号等。

4. 保持中高密度

玉米超常早播，由于营养生长期延长，根系生长旺盛，茎秆节间缩短增粗，株高降低30～40厘米，所以早春玉米密度一般比正季玉米增加20%以上，每667平方米从原先的3000株可增加到3500～4000株，充分发挥密植的增产作用。1995～1998年连续4年在四川省雅安市雨城区大兴镇进行的双季玉米试验研究表明，早春玉米每667平方米实收株数1998年为5074株、产量689.9千克，比1995年的4098株、产量614.7千克，株数增加23.8%，产量增加12.2%；秋玉米每667平方米实收株数1998年为4700株、产量439.7千克，比1995年的3313株、产量311千克，株数增加41.9%，产量增加41.4%。

5. 搞好复种秋作

早春玉米超常早播，于7月上、中旬成熟后可以连作迟中稻或秋玉米。水稻于5月上、中旬育秧（秋玉米于6月中、下旬育苗或7月上、中旬直播），为其生长提供了较为适宜的热量条件。7月中、下旬栽秧,可确保中熟杂交籼稻8月下旬、中熟粳稻9月上旬齐穗,能正常结实成熟,每667平方米能获得400千克以上的产量。部分早春玉米用做鲜食玉米,其收获期可提早20天。迟中稻播种育秧和栽插期相应提早,其产量可接近正常季节的中稻水平。秋玉米由于茬口早,完全能够正常生长发育,可获得250～300千克的产量。

二、选用中熟粳稻良种是高产多收的关键

粳稻和籼稻的耐寒性不同。无论在营养生长期(拔节前)或生殖生长期(拔节后),大多数粳稻品种都比籼稻耐寒,而且米质较好。新"水三熟"的连作迟中稻,后期易受低温影响。为此,在进行迟栽中稻品种筛选试验的同时,引进武育粳3号中熟粳稻良种,并试种成功。它适宜于川东、川中和川西北种植,每667平方米产量均达到400千克以上,这是新"水三熟"在该区域成功的关键。据川西北的绵竹点试验,武育粳3号1997年9月2日齐穗、每667平方米产量387.4千克,1998年9月8日齐穗、每667平方米产量414千克。而冈优22号1997年9月9日齐穗、每667平方米产量301千克,冈优多系1号1998年9月10日齐穗、每667平方米产量283千克。试验表明,迟中稻抽穗开花期较晚。因粳稻比籼稻耐寒性强,当遇到低温出现早的年份,粳稻能正常结实,籼稻却受害较重、产量较低。

新"水三熟"连作迟中稻稳产高产的关键是安全齐穗。一般将早秋低温出现前抽穗扬花称为安全齐穗,将安全齐穗的最后期限称为安全齐穗期。粳稻抽穗要求日平均气温稳定在20℃以上,籼稻要求稳定在23℃以上。各地可根据多年气象

资料，将以上温度指标有80%保证率的界限期定为安全齐穗期。生产上把日平均气温连续3天低于20℃（粳稻）和23℃（籼稻）的开始期，定为安全齐穗终止期。所以根据不同品种的生育期长短，以及掌握海拔每升高100米、气温下降0.5℃～0.6℃的大致规律，推算其最迟播种期尤为重要。从1997～2001年中熟粳稻良种武育粳3号18点（次）试验结果看出，该品种作为迟中稻栽培，可以确保每667平方米产量达400千克以上。高温伏旱区的重庆市忠县点因播期过迟，生育期太短，影响产量较大。

同时，在同样条件下粳稻比籼稻可以利用的生育期较长。2000年在四川省中江点试验，武育粳3号5月25日播种，7月20日移栽，9月15日齐穗，每667平方米产量402.6千克。而冈优527（中熟偏晚）有1小区苗床遭受鼠害，接着于6月4日补种，播种期推迟10天，齐穗期（9月22日）延迟7天。同时籼稻抗寒力较差，结实率低，有少部分"翘稻头"（不勾头），每667平方米产量仅达300千克。所以在秋季热量条件较差、降温早的地区，迟中稻选用中熟粳稻良种，可以实现稳产高产，是本技术的关键。

从迟中稻品种筛选试验和各地示范表明，在川东、川中宜选用中熟优良杂交籼稻和武育粳3号；在川西北宜选用武育粳3号和中早熟优良杂交籼稻；在川西宜选用武育粳3号和超丰早。望天田宜选用武育粳3号。在长江、淮河流域，宜选用中熟中粳或迟熟中粳（中糯），如六优3号、武育粳3号、武育粳2号等。

另外，粳稻出米率高，碎米少，粘性较强，胀性小；而籼稻出米率低，碎米多，粘性差，胀性大。粳稻属优质稻，经济价值较高，符合市场对优质米的要求，利于农民增收。

三、搞好配套栽培、病虫害防治是高产多收的保障

(一)配套栽培技术

1. 水稻迟栽技术要点

适时播种确保安全齐穗、旱育壮秧多栽基本苗和其他栽培技术。

(1)适时播种确保安全齐穗 迟栽水稻适时的播种期和栽秧期是以确保安全齐穗为前提。试验示范表明,有收无收在于播种期,多收少收在于栽秧期。为了确保在秋季低温开始之前安全齐穗,根据气象资料,四川盆地秋季低温开始期(低于20℃)多数年份在9月中、下旬。秋季低温出现频率,盆地区9月上旬普遍率在10%以下;盆地东部长江河谷地带低温开始较晚,多出现在9月下旬后期。所以四川盆地大多数地区水稻抽穗扬花期,粳稻型品种可以在9月上旬,籼稻型品种应在8月下旬为宜;川东可相应各晚5天左右。

严格掌握5月上、中旬播种育秧是迟栽中稻的可靠播种期。在这个时期播种的水稻每667平方米产量可达400千克以上。播种期推迟,安全齐穗保证率降低,产量不稳定。鲜食春玉米田,还可以根据收获上市时间,提前至4月中、下旬播种,其产量可接近中稻水平。在长江、淮河流域,播种期迟熟中粳在6月10日左右,中熟中粳在6月20日左右。

注意把握7月上、中旬栽秧为高产期,7月下旬栽秧为稳产期,8月初栽秧是低产或危险期的技术环节,力争早栽夺高

产。对于迟栽中稻，早栽营养生长期较长，比晚栽的稳产高产，应尽量避免栽秧过迟影响产量。

(2)旱育壮秧多栽基本苗

①采用旱育秧方式培育多蘖壮秧　旱育秧是在接近旱地条件下培育的水稻秧苗。旱地的土壤中氧气充足，水、热、气、肥容易协调，有利于培育长龄多蘖壮秧。

A. 旱育秧的优点

第一，秧苗素质好。由于旱育秧苗床肥沃，整个育秧过程不进行淹水灌溉，在土壤缺水时通过人工浇水或机械喷灌的形式补充水分，秧床始终处于旱地状态，从而培育出秧苗素质好的长龄多蘖壮秧。表现为：根系发达、根须粗壮、根色黄白，无黑根，活力旺盛，移栽后发新根快，返青早；秧苗健壮，茎基扁宽，叶片短而直立，植株矮，苗高比水育秧低20%～50%。

第二，秧龄弹性大。旱育秧可以培育长龄多蘖壮秧，带分蘖5个以上，其秧龄弹性大，可长达70～80天，是一项适宜于迟栽水稻的配套技术。

B. 旱育秧的技术

选地培肥。旱育秧苗床应选择背风向阳，地势较高、平坦，地下水位低，水源充足，土壤肥沃疏松，无杂草、石块，偏酸性或中性的菜园地或旱地。菜园地比普通旱地好，普通旱地比水田好。若用稻田作为苗床，则应选择偏沙的高岸田。在田地的四周开好排水沟，垫高地面，将其改造为适合旱育秧的旱地。旱育秧的苗床不能选用低洼冷凉、盐碱重的田块和易遭水浸透的田块。否则，育秧期间出现苗床浸水，造成苗床过湿状态，可减弱秧苗素质。苗床地选定后应固定不变，连年使用，以便于培肥，提高苗床质量。苗床面积：迟栽水稻因本田生育期较短，靠主穗夺高产，应栽足基本苗，适当密植。所以每667平方米本田育秧100～133平方米，用种量为中熟杂交籼稻2.5～3千克，中熟常规粳稻（如武育粳3号）5～6千克。播种前15～20天，每67平方米苗床地施腐熟优质堆肥400～500千克，再与土壤耕作层充分混合。

施肥做厢。播种前5～7天，按每67平方米苗床地撒施尿素0.5～1千克，过筛后的过磷酸钙5～6千克，硫酸钾或氯化钾2.5千克，然后翻耕混匀；严禁使用碳铵、草木灰和未腐熟的农家肥。播种前将苗床地整细整平，在苗床四周开挖20～30厘米深的排水沟，接着按1.6～1.7米开厢，做成厢面宽1.4～1.5米、厢长8～10米、厢高7～10厘米的地上式苗床。同时每67平方米苗床地用适量药剂（如1.5%地虫清即辛硫磷颗粒剂300～350克）拌细土撒于厢面防治地下害虫。

浇透底水。把厢面平整好后，在播种前一天和播种当天，分别浇3次透水，以厢面见积水为度，再用少量细土填平厢面空隙。

包衣播种。播种前将种子翻晒1～2天，用清水浸30分钟后，捞出稻种沥干多余水分，以不滴水为宜。然后进行种子包衣，比例为1千克拌种剂（可用旱育保姆旱秧型种衣剂）拌和种子3千克，把药剂倒入圆底容器中。为保证包衣均匀，先包种子总量的2/3，边加种边搅拌，包好后取出包好的稻种，再将另外1/3种子放入剩余的种衣剂中进行包衣，直至把药裹完为止。种子包衣后要及时播种。稻种分多次均匀地播在浇透水分的苗床上；然后用过筛湿润细土（不能用沙）盖种，厚度为0.5～1厘米，使厢面不现种；盖膜前在厢面上均匀地撒一层3～5厘米长的稻草节或陈麦壳、油菜籽壳等，以不见泥为度。最后平盖薄膜，四周边沿用土压紧，不要漏气，以防止水分蒸发。

保温揭膜。播后3天之内以保温保湿为主，3天后秧苗立针现青时要及时揭膜，以免烧伤秧苗；厢面发白时，可适当喷水。

防病促蘖。若发生青枯病或立枯病时，每67平方米苗床地可用壮秧剂1～1.5千克拌细土均匀撒施或对水均匀泼施，以防病促蘖。60天以上长秧龄地区，在秧龄30～40天时每67平方米苗床地可用15%多效唑粉剂30克对水15升喷雾，促苗壮、控苗高。

严格控水。在苗床土浇透水的情况下，一般不需要再浇水；若底水没有浇足或土壤保水力差、出现表面干燥发白时，应补充水分，保持床土湿润。随着苗龄增大，床土逐渐干燥，一般也不浇水，即使床土发白，只要叶片不卷筒就不必浇水，以促进根系发育，控制地上部生长，增强抗逆能力。

追肥管理。从秧苗2叶1心到移栽阶段，可追肥3～4次，每次每67平方米地可用尿素0.5～1千克对清粪水浇施，施后浇清水洗苗；秧苗早上叶尖无露珠、中间叶子卷筒时，可在次日上午10时前浇水；对于偏碱性土，若调酸不够，易产生生理发黄，可用食醋按2%的比例灌秧苗1～2次，促使转青；及时清除苗床杂草，抓好病虫害防治，特别注意蚜虫、木虱的为害。

②多栽基本苗　适当密植，增加基本苗，依靠主茎成穗夺高产。迟栽水稻生长期处于高温季节，生长快，有效分蘖期短，应适当密植。移栽本田采用宽行33厘米、窄行20厘米、窝距10～12厘米的宽窄行条栽；或采用53厘米起垄栽2行、窝距10～12厘米的半旱式栽培。每667平方米栽植21400～25000窝。杂交籼稻每窝栽6～7片，基本苗140000～160000株；粳稻每窝栽8～9片，基本苗160000～180000株。

(3)其他栽培技术

①重施基肥,早施追肥　施肥量:每667平方米用纯氮10～12千克,五氧化二磷4～6千克,氧化钾6～8千克。施肥方法:氮肥重基早追,基肥占70%,追肥占30%。磷肥全做基肥。钾肥做追肥分2次施用:第一次追肥(栽秧后7天左右)用钾肥的1/3与氮肥(尿素)剩余的30%混合做返青肥(注意:氮肥不用碳铵,以免烧苗);第二次追肥用钾肥剩余量的2/3,在拔节灌水后施用。施肥做到控氮,增钾、磷和配合农家肥。

②加强病虫害防治　及时防治稻瘟病。水稻在孕穗至抽穗期应连续(隔7天)防治二代二化螟、三代三化螟和大螟2次,后期注意防鼠、雀的为害。

2. 玉米秸秆覆盖栽培技术要点

(1)秸秆覆盖的好处　秸秆覆盖是一种很好的秸秆还田方式。它与地膜覆盖玉米的产量不相上下。在扣除地膜、秸秆、用工等投资后,核算纯收益也基本相同。玉米秸秆覆盖与玉米地膜覆盖相比较,压草作用相同,早春增温作用略次于地膜,调节土温优于地膜。特别是在保墒、控制水土流失、肥田、防止农业环境污染等方面具有独特的作用,是一项保护生态环境、增产增收的栽培技术。秸秆覆盖有以下突出的优点。

①具有绿色环保效益　玉米秸秆覆盖不但可以克服地膜覆盖只能保墒、不能造墒、无水可保的弊端,而且还可以克服废膜残留土壤、污染环境、造成“白色污染”的问题。多数的地膜难于降解,入土不能腐烂,焚烧后会放出有害气体污染空气。废膜残膜愈积愈多,将成为一种环境灾害,危害人类生存空间,不可忽视。用秸秆代替地膜覆盖,可以变废为宝,还能克服有的地方因焚烧秸秆危及飞机起降安全和污染空气的公

害。这样,就能从根本上杜绝这些环境灾害,保护生态环境,保障农业生产的可持续发展。

②节水保墒　玉米田每667平方米覆盖秸秆250～300千克,能减少地表蒸发,减少地面径流88.1%,使降水就地渗入土壤,克服地膜覆盖土壤接受雨水难的问题,并可以提高土壤含水量5%～15%。据在河南省商丘地区观测,春玉米覆盖麦秸降水利用率为1.05千克/毫米,比不覆盖高33.3%;夏玉米为1.2千克/毫米,比不覆盖高20%。

③控制水土流失　在降水时,覆盖的秸秆可以吸收大量的雨水,以后慢慢释放出来供应玉米生长利用。同时可防止雨季土壤因裸露被雨滴直接打击,延缓雨水渗入土壤的时间,增加土壤含水量,提高抗旱能力。尤其可以防止急风暴雨对土壤的冲刷,起到保土、保墒的作用。

④改土、培肥　秸秆是农作物种植中数量很大的副产物。据测算,每生产1千克粮食,就有约1.2千克秸秆。秸秆覆盖还田能有效增加土壤有机质含量,改良土壤,培肥地力。秸秆作为农家肥的一种来源,可以减少化肥用量,弥补目前磷、钾肥的不足。据测定,小麦、水稻、玉米3种作物的秸秆含氮量分别为0.46%、2.7%和2.88%,含磷量分别为0.29%、0.12%和0.21%,含钾量分别为1.07%、2.7%和2.28%,并含有85%左右的有机物质。还田1000千克秸秆就可以使土壤增加有机质150千克。据大面积试验、示范结果,秸秆覆盖还田后,一般能增产10%以上。若每年每667平方米施用250～300千克秸秆,连续坚持3～4年时间,土壤肥力即能保持中等肥力水平,旱地土壤有机质可以维持在0.8%～1%,使肥力不会减退。

⑤便于田间管理　套作玉米前期需追肥1～2次。玉米

秸秆覆盖，追肥用的粪桶可放在两行玉米间的秸秆上，人在玉米中间操作，可以避免折断已抽穗的小麦植株，保证小麦的产量。

⑥秸秆材料来源广　稻草、麦秸、麦壳、油菜壳、竹叶、草节等都是很好的覆盖材料，农户年年有、季季有，可以就地取材，节省了购买地膜的现金开支。

⑦秸秆覆盖比地膜覆盖投资少　玉米整地、育苗、移栽，秸秆覆盖与地膜覆盖两种方式用工相同。地膜覆盖每667平方米用微膜1.2千克，支出现金14.4元；盖膜、引苗出膜用工1.5个，价值15元，共投资29.4元。秸秆覆盖用稻草（或麦秸）250千克，价值15元；盖草用工1个，价值10元，共投资25元，比地膜栽培少投入4.4元，节省投资15%。同时，秸秆系农户自产，无需现金支出，所以秸秆覆盖比地膜覆盖利于节本增效，节支增收。

(2)秸秆覆盖技术要点　玉米育苗、移栽、施肥及其他田间管理与地膜覆盖玉米相同。秸秆覆盖方法是：玉米移栽后，将秸秆（稻草、麦秸）整秆均匀顺铺于玉米行间，紧靠玉米苗的根际而不要盖苗压苗。宽度超过玉米苗17厘米，厚度10～14厘米。秸秆盖满整个播幅，玉米幼苗要整株外露在秸秆外面。每667平方米用稻草250千克或麦秸300千克，做到不见玉米厢面的泥土，同时在覆盖秸秆上撒少量细土。若用草节、麦壳、竹叶覆盖要保证厚度，覆盖物上需压比整草覆盖较多的细土，以防被风吹移位。玉米田间管理，不要翻动秸秆，由其自行腐烂，到玉米施攻穗（苞）肥时，可结合培土将未腐烂秸秆埋入土中。

(3)因地制宜推广应用　在四川省平坝、丘陵区，春季雨水少，阳光充足，气温回升较快，早春玉米幼苗期主要是水分的矛盾大于温度的矛盾，宜用秸秆覆盖栽培；在山区日照少，气温较低，早春玉米幼苗期主要是温度的矛盾大于水分的矛盾，宜用地膜覆盖栽培。鲜食春玉米要早上市，争取好价格，宜用地膜覆盖栽培。从总体上看，早春玉米、春玉米、夏玉米、秋玉米都可用秸秆覆盖栽培。

3. 秋玉米栽培技术要点

种植密度高，前期猛促苗，中期多治虫。

在四川省平坝、丘陵区，小暑至立秋前(7月上旬至8月上旬)播种的玉米称为秋玉米，它的栽培技术与春玉米不同，要抓好以下技术环节。

(1)选用中熟或中早熟良种 生育期短的早熟种，因秋播营养生长期缩短，增产潜力不大。宜选用中熟、营养生长期相对较长、后期灌浆快的硬粒型和半硬粒型、抗病、抗倒、适应性强的杂交良种，近期可选用雅玉2号、雅玉8号、川单13等。若播种期偏迟，宜选用中早熟良种。

(2)栽种密度要高 移栽秋玉米应在早春玉米收获前10天露地育苗，幼苗3叶1心(苗龄10天左右)，待早春玉米收获后及时移栽，双行种植。直播秋玉米应抢时播种。种植密度比春玉米高，一般每667平方米种植3500～4000株。

(3)前期猛促苗 秋玉米栽培管理的重点是前期促苗，中期治虫。秋玉米生育进程快，营养生长期缩短，一般播种后1个月左右即拔节，对肥料的吸收较春玉米集中。秋玉米移栽时根据天气状况，要施好施足基肥。若连续降水，土壤湿度大，应以干肥和精细腐熟土杂肥加适量化肥做种肥；若遇晴天，土壤干燥，则用清粪水加适量化肥做种肥。一般不用复合肥做基肥，以免烧苗。基肥用量可占总肥量的50%左右。同时，应及时施好攻秆肥和攻穗肥。移栽成活后10～15天，立即施第一次追肥，每667平方米用清粪水700～800千克，配合尿素3～4千克施用。当苗株较弱时，隔7～10天还应施第二次追肥，促使植株迅速生长，株高应接近春玉米高度。大喇叭口期重施攻穗(苞)肥，用尿素10～12千克，如若干旱，施后注意淋水，也可配合人、畜粪水施用。总用肥量纯氮15千克左右。

(4)中期多治虫 秋玉米的虫害(主要是大螟和玉米螟)较重，应及时防治。在玉米大喇叭口期和吐丝授粉后，用药剂点心和撒在花丝上，防治效果显著。鲜食秋玉米不可用药剂撒花丝，宜选用低残留药剂，禁用高毒农药。

4. 间套作小麦(冬小麦)栽培技术要点

我国栽培的小麦，80%以上为冬小麦，在秋末冬初播种，翌年夏初前后收获。其耕作改制中重点推行小窝疏株密植。

(1)小窝疏株密植 小麦采用小窝疏株密植播种方式，这是一项适应四川省生态条件的先进栽培技术。其特点是大幅度缩小窝距，增加株数，减少每窝播种粒数，较好地解决了小麦田湿土粘，整地粗放，"稀大窝、窝内密"，基本苗少，有效穗不足的问题。通过增窝、增苗、增株，增产效果显著。种植密度中厢带植套作，每667平方米播种15 000～16 000窝，每窝6～7苗，基本苗90 000～105 000株。

小窝疏株密植，目前有撬窝点播、条沟点播、连窝点播三种形式。具体方法如下。

撬窝点播：采用铁制撬窝筒撬窝或用小点锄打窝，行距17厘米，窝距13厘米，每窝播种5～7粒。此法适于湿重粘土，也适于一般较易整地的沙质壤土采用。

条沟点播：采用双沟锄(锄尖距17厘米)开沟，17厘米一沟，用有刻度的竹竿定窝距，每隔13厘米撒种5～7粒。此法播种较浅，适宜于川东湿田和沙质壤土采用。

连窝点播：采用窄锄牵绳打窝，行距 17 厘米，窝距 13 厘米，每窝撒种 7～8 粒。此法保水保肥，适宜于丘陵冬干、春旱地区采用。

(2)其他配套技术

①选用良种，适时播种　选用高产、优质、中早熟、抗病、抗倒、中矮秆的优良品种，当前可选用川麦 36、川麦 32、绵阳 28 等。在春季湿度大的地区宜选用红皮小麦（因为在套作条件下白皮小麦成熟时易穗上发芽，常造成减产，故多不用）。每 667 平方米套作用种量 6 千克左右。播种期于 10 月底至 11 月上旬（立冬前后）抢晴天播种。

②重施基肥，看苗追肥　总施肥量每 667 平方米套作用纯氮 5～7 千克，五氧化二磷 3～4 千克，氧化钾 4～5 千克。基肥占总用肥量的 60％～70％。若土壤粘重，保肥力强，可占 80％以上，甚至可以"一道清"，即把肥料做基肥（包括种肥）一次性施用。基肥以农家肥为主，配合速效化肥，磷肥全做基肥，缺钾土壤可施用氯化钾等。早施 3 叶肥（分蘖肥）。一般在幼苗 3 叶期施用，用量占总施肥量的 20％左右，可用尿素 3～4 千克，与农家肥混合施用；巧施拔节肥，用量占总施肥量的 10％～15％，施用尿素 2～3 千克。若叶片深绿，群体过大，可以不施或少施。根外追肥，小麦抽穗后土壤不缺氮肥，可喷 2％～3％过磷酸钙溶液 1～2 次，每 667 平方米用量为 50 升左右。若缺氮肥可喷施 1％～2％的尿素溶液。

③加强管理，实现高产　认真做好查苗补苗、匀密补稀、适时中耕、清除杂草、合理排灌、防止倒伏、病虫害防治等田间管理工作。一般套作小麦播幅 0.83 米、1 米的产量可达到净作产量的 60％以上。

5. 甘薯(红苕)栽培技术要点

小麦收获后,在其播幅内(即玉米宽行1米)做两条垄,要求做到垄直,垄沟宽13厘米、深20厘米,垄面平,形成两垄面,每垄面各栽1行甘薯,排列成两行早春玉米套两行甘薯的"双对双"形式。栽培技术应抓好以下环节。

(1)选用良种 选用优质、高产、抗病虫害强的优良品种。在温度较低的地区,甘薯栽种晚,大田生育期仅120天左右,应选用早熟品种;在气温较高的地区,大田生长期可达160天以上,则宜选用中熟或中晚熟品种。近期可选用徐薯18、川薯27、南薯88等良种。

(2)施足基肥,适时早栽 甘薯需肥以钾最多,其次为氮,再次为磷。施肥以基肥为主,占总量的60%～80%。一般每667平方米用堆渣肥2000～2500千克,草木灰50～100千克,人、畜粪600～1000千克,过磷酸钙20～30千克。做垄时将基肥条施于垄心内(称为包心肥)。甘薯产量随有效生育期的增长而递增。小满至芒种是甘薯高产栽插期,在此期间愈早愈好,应抓墒抢栽。

(3)合理密植 套作甘薯要以增加株数来提高群体产量,夺取高产。要育足薯苗,改传统的顺垄顺栽法为顺垄斜栽法,既能改善结薯条件,又能实现增密、增产。每667平方米种植3500～4000窝,即在玉米宽行(甘薯幅)1米栽插两行甘薯,窝距17～20厘米。

(4)及早管理 早查苗补苗。苗势弱的要追施提苗肥,一般栽后15天左右,每667平方米用清粪水500～600千克或尿素3～5千克对水窝施。及时中耕除草和培土。套作的甘薯在早春玉米收获前10～15天(鲜食春玉米在收获后)及时追施块根膨大肥(又称穿林肥),以氮、钾为主,用农家肥800～

1200千克，或用尿素5～7千克对水，从垄边裂缝处灌入或打洞施入后覆土，以促进藤叶生长和满足薯块膨大需要，增强抗旱能力，获取甘薯高产。

6. 马铃薯(洋芋)栽培技术要点

(1)春马铃薯栽培技术

①选用良种　选用生育期较短、耐寒性强、植株矮而紧凑的高产品种。按生育期分为早熟(75天以内)、中早熟(76～85天)、中熟(86～95天)、中晚熟(96～105天)、晚熟(105天以上)品种，一般选用中熟品种。当前可选用川芋56、川芋4号(早熟)，京薯97(中晚熟)，鄂芋1号(中熟)等良种。

②合理轮、间、套作　马铃薯不宜与茄子、辣椒、番茄、烟草等茄科作物连作，因为连作后病虫害严重。也不宜与甘薯等块根类作物轮作，因为它们都是需钾作物，且有共同的病害。大白菜地含水多，收后土凉，种马铃薯发棵慢，易腐烂死苗。马铃薯适宜与谷类作物、豆类作物及蔬菜中的葱、蒜、胡萝卜、黄瓜、芹菜等轮作。

③精选种薯，推广小整薯播种　应选具有本品种典型特征的中等薯块，特别要选择无病虫害、无伤冻、薯皮柔嫩、色泽光鲜、刚过休眠期的幼龄或壮龄块茎做种。地上茎叶枯萎后收获的老龄块茎不宜做种。块茎已萌芽时，应选芽短而粗壮的做种。种薯重量20～30克的适合整薯播种；50～100克的可纵切为2～4块；120克以上的可按芽眼切块，使切块重量为20～30克，每块至少有1～2个芽眼。套作用种量每667平方米100～125千克。

④浸种催芽，保证全苗　催芽应提早在播种前20天进行。催芽前用0.5%生石灰或1%“920”溶液浸种，晾干后放于沙床上，薯块厚度3.5厘米左右，上盖一拇指厚的湿润沙

土，一层薯块一层沙土，层层堆放，一般可堆3～5层，经常保持湿度，待芽长到1～1.5厘米时，翻堆炼苗3～5天，即可播种。催芽的种薯，播种后不但苗全、苗快、成熟早，还可以减轻或避免某些病虫害。

⑤合理密植，提高播种质量　深耕细培，提厢做垄，理好排水沟，防止土壤板结。在0.83米、1米播幅内条播或错窝点播两行，窝距19厘米，每667平方米种植3500窝以上。应施足基肥，播种时用充分腐熟的农家肥1000千克，加尿素3～5千克，过磷酸钙10～15千克，草木灰100～150千克，做种肥施于窝底，掩土播种，使种、肥隔离。播种深度一般8～10厘米。播种期为1月上、中旬。

⑥加强管理　套作马铃薯一般每667平方米需用纯氮6千克，五氧化二磷3千克，氧化钾9～12千克。在重施基肥的条件下，齐苗后及时追肥，用碳铵20～25千克或尿素10～15千克灌窝。苗高7～10厘米进行第一次中耕，耕深约10厘米，结合除草、疏苗。之后隔10～15天进行第二次中耕。现蕾时，进行第三次中耕。后两次中耕应同时培土，培土第一次稍浅，第二次较厚，总厚度不超过10厘米。另外，还要注意病虫害防治工作。

(2)秋马铃薯栽培技术　发展秋马铃薯不但能增加市场蔬菜供应，而且还可利用秋马铃薯留种防止品种退化，这是充分利用晚秋自然资源的重要措施之一。但是由于播种季节高温、旱涝和晚疫病危害及种薯未结束休眠期等原因，烂种缺苗多，生育期短，一般产量不高。但只要注意抓好以下几个关键环节，仍可获得高产。

①选择适宜品种　选择休眠期短、结薯早、苗期耐高温、抗晚疫病的品种，当前可选用川芋56、川芋4号。如果春薯

收后作为秋薯种，种薯可在低温下(4℃～5℃)贮藏，能减少烂种，防止退化。

②**催芽播种，适时早播**　催芽方法可参照春薯催芽技术。提倡用小整薯播种(也可催芽后播种)，这是防止烂种缺苗和夺取高产的有效措施。播种期丘陵、平坝区在8月下旬至9月上旬。适期播种应掌握在低温来临前，马铃薯有60～70天或更长的生育期。播种宜在阴天或晴天的早、晚进行，天旱时可加盖稻草，随播随盖，以保湿降温。

③**合理密植，加强管理**　秋薯应比春薯加大密度，一般每667平方米种植4000窝以上，套作用种130～150千克。在施足基肥的基础上，当幼苗出土时，应重施1次速效提苗肥和中耕除草。现蕾前追施1次结薯肥，并结合中耕适当培土。干旱时注意灌溉，积水时注意清沟排渍。及时防治晚疫病。

④**适期收获**　适期收获可考虑以下三种因素，一是应保证有足够的生育期，二是避免霜冻，三是不影响后作播种。一般只要茎叶不枯，块茎在4℃时仍可膨大。所以在低温来临前，只要不影响后作播种，可以待植株枯萎后收获。

7. 大豆栽培技术要点

(1)选用良种，适时早播　适宜间套作的品种应选用直立生长、抗倒伏、耐荫蔽(小叶尖叶品种)、耐肥性强、有限结荚、丰产性好、播期弹性大的品种，当前春、夏大豆可选用贡选1号、双流六月黄，秋大豆可选用浙春3号、成豆7号等。播种期春大豆一般在4月上、中旬，夏大豆在5月中、下旬至6月上旬，秋大豆在7月上、中旬。应根据间套作的茬口安排，争取适时早播。

(2)合理密植，增施磷肥　在早春玉米地中套种大豆。单株种植的玉米，可在玉米株间套种1窝大豆；双株种植的玉米，可在玉米株间套种2窝大豆。“双二五”种植规格的每带种2行，大豆距离玉米34厘米；“双三〇”种植规格的每带种3行，大豆距玉米28厘米。根据品种特性，确定播幅宽窄，播种早迟。一般每667平方米种植3 500～4 000窝，每窝播种3～4粒种子，用种2.5～3千克。每窝成苗2～3株，共8 000～10 000株。播种时用过磷酸钙15千克，拌和草木灰、腐熟厩肥盖种。

(3)加强管理，确保全苗 大豆在1～2片真叶展开时，及时查苗补种，确保全苗。当大豆苗长到2～3片复叶时，及时定苗，每窝留2～3株。玉米收获后，及时中耕除草，并用清粪水提苗。开花至结荚期，大豆食心虫、豆秆蝇、豆荚螟等为害较重，应及时用药剂防治。

8. 蔬菜栽培技术要点

(1)间套作蔬菜的种类 多熟间套作的蔬菜，主要选择早熟、适应性强的品种。适宜小春预留行种植的早春蔬菜有莴笋、白菜、红白萝卜、青菜、菜头、豌豆尖等，能在元旦、春节上市，要求在2月上旬至3月上旬收获；适宜大春空行种植的秋季蔬菜有秋四季豆、秋豇豆、秋莴笋、秋茄子、秋白菜、秋黄瓜、秋花菜等，能在9月上旬至10月份先后上市，收获期不超过10月底(在四川省及长江流域，一般将秋、冬季播种，翌年春、夏季收获，较喜冷凉气候的越冬作物称为小春作物，简称小春，如冬小麦、春马铃薯、胡豆、豌豆、油菜等；将春、夏季播种，夏、秋季收获，较喜温热气候的当年作物称为大春作物，简称大春，如玉米、水稻、秋马铃薯、大豆、花生等)。

(2)适时早播(栽) 早春蔬菜根据种类不同，应提前育苗，于上年10月上、中旬栽植，预留行宽1米的栽菜3行，预留行宽0.83米的栽菜2行，窝距按各种蔬菜的栽植密度确定。秋季蔬菜按前作收获时间确定育苗期，一般掌握在 7 月下旬至 8 月上旬栽植，由于生育期较春菜短，栽植密度应增加 10%～20%。

9. 麦冬、西瓜、花生栽培技术要点

(1)麦冬栽培技术　麦冬为多年生草本植物，须根下通常膨大成块根(药用)，叶基生、细条形。喜温暖、湿润气候。较耐寒，不宜阳光直射。土壤以土层深厚、肥沃、疏松、排水良好的沙质壤土为好，过砂、过湿或过粘以及地势低洼积水的地方不宜种植。忌连作，轮作期要求 2～3 年。麦冬栽后第二年或第三年的 4 月上、中旬便可收获。择晴天，挖出麦冬全株，抖去泥土，切下块根和须根，洗净泥沙。然后置晒席上暴晒，水气干后用手轻轻揉搓，以不搓破表皮为度。搓后又晒，晒后再搓，如些反复数次，直至除去须根、晒至全干为止。

①繁殖方法　多采用分株繁殖。于 4～5 月份收获麦冬时，选择叶色深绿、生长健壮、无病虫害的植株，挖出后，抖掉泥土，剪下块根为商品。然后切去根茎下部的茎节，留 0.5 厘米长的茎基，以断面白色、叶片不散开为好。随后拍松茎基部，分成小丛，每丛 5～10 个单株，用稻草捆成小把，剪去尖叶，立即栽种。择晴天或阴天，在备好的畦上，按行距 25 厘米、株距 15 厘米(2 年收获)或行距 30 厘米、株距 20 厘米(3 年收获)开深 3～5 厘米的穴，每穴栽苗 1 丛(也可每丛 3～5 个单株，行距 15 厘米、株距 15 厘米)。注意使根部伸直，将苗两边的土压实。栽后立即浇 1 次定根水，以利于早发新根。

②栽培方法

A. 中耕除草　一般 5～8 月份，应每半月或 1 个月除草中耕 1 次。10 月份以后中耕宜浅，以免伤根。

B. 施肥　麦冬栽植 30 天左右，应及时施发根肥，每 667

平方米施人、畜粪尿750千克和过磷酸钙15千克。7月份再施人、畜粪尿1250千克，过磷酸钙15千克；9月份施人、畜粪尿1500千克，氯化钾25千克；11月份施人、畜粪尿2000～2500千克，草木灰150～200千克，撒施于株丛行间。

(2)西瓜栽培技术

①增温育苗　首先是选用品质优良的品种，当前有新红宝、新澄1号、丰收3号等。其次是做好种子处理，于3月上、中旬将种子在阳光下暴晒1天，用两开一冷的温水(35℃～40℃)浸种10～15分钟消毒处理，除掉种子表面胶质(用布袋加少量河沙反复搓揉)，然后在20℃～25℃清水中浸泡6～8小时，进行温水催芽，待胚根长到0.2厘米长时进行播种育苗。再次是选择苗床地，苗床地的选择及苗床管理可参照玉米育苗进行。苗床期注意控制好温、湿度，土壤干燥时，用适量清粪水喷灌。当大部分瓜苗出土后，选晴天中午进行通风炼苗，防止晴天高温烧苗。并注意苗床期病虫害防治。

②适时移栽　春菜收获后整地碎土，移栽前1周用药剂喷洒表土，防治地下害虫。每厢为双行错窝移栽，窝距0.7～0.83米，每667平方米栽植500～600窝(株)。肥料要打窝深施，施足基肥，肥、土要拌匀，再泼粪水浸窝，然后盖上细土。4月上、中旬，当苗龄25天左右、3片真叶展开时，选晴天带土移栽，栽后用细沙土盖好，再从窝边四周浇施20%清粪水定根，注意粪水不能泼在叶面上。春季气温回升慢的地方，移栽后应覆盖地膜或稻草(麦秸)，增强保温保湿效果。

③肥水管理　定植成活后，注意抗旱提苗，做到勤管轻施。根据苗架长势、叶片大小等情况，施好促藤肥，一般每667平方米用300～400千克粪水加适量过磷酸钙及碳铵，以促进藤叶生长。当蔓长0.7～1米时，在距主根0.7～1米处

开沟施结瓜肥，每667平方米用人、畜粪1000千克，腐熟的油枯75千克，过磷酸钙15千克，草木灰200千克。施后覆土。当第一朵花开放前几天停止施肥。瓜长到鸡蛋大时，应猛施1次壮瓜肥，以后每隔10天施1次，共施2～3次。干旱时应淡施勤施，每667平方米用农家肥1000千克，过磷酸钙30千克，尿素10千克，并适当搭配油枯及草木灰等，以促进西瓜膨大。

④合理整枝压蔓　套作西瓜应定向压蔓，不能让藤子满地窜。除主蔓外，在主蔓3～5节上选留2根生长健壮的子蔓，其余的子蔓全部除去，共留3根蔓，将藤蔓理顺排列均匀。当藤长0.7米时，选晴天下午开始在中间压第一次蔓，以后每隔4～5节压1次蔓。

⑤保花保果　瓜苗开花后若遇干旱，要选晴天上午进行人工授粉，打去主蔓第一朵雌花，选留第二、第三朵雌花结果，子蔓上留第二朵雌花结果。瓜长到鸡蛋大时定瓜，去掉劣瓜、小瓜及不正常的瓜，每株留1～2个发育良好的瓜，并在瓜下垫上稻草。成熟前10天开始，选晴天下午翻瓜，每3～4天翻1次。最后1次将瓜翻动，然后竖起。若遇高温干旱，应用稻草遮瓜保瓜。若藤蔓长势过旺，采取扭伤顶端或曲蔓等办法，保花保果。

⑥防治病虫害　整个生育期中采取以防为主、防治结合的措施。及时预防枯蔓病、炭疽病、红蜘蛛、黄守瓜等，同时注意发现白粉病、蚜虫、根蛆等，要积极防治。

(3)花生栽培技术

①选用良种，提高品质　选用早熟、高产、耐旱、耐瘠、抗性好、适应性广、商品性好、品质优良的品种，如天府9号、天府10号等。花生不要连作，每年换地种植为宜。

②深施基肥，地膜覆盖　采用宽度为70～80厘米、厚度0.004毫米的超微膜，每667平方米用量1.25～1.5千克。小麦预留行83厘米，土地翻耕培细后，在每厢(垄)正中开施肥沟，沟宽13厘米左右，沟深10～13厘米，套作每667平方米施土杂肥800～1000千克，尿素5～8千克或碳铵15～25千克，过磷酸钙30～40千克，草木灰70～80千克或氯化钾7～8千克，将肥料混匀后施于沟中。用除草剂喷洒垄面防治杂草。然后将微膜铺在垄面上，覆土时将膜拉直展平，并压严膜边。

③适时播种，保证密度

A. 最佳播期　空地花生3月上、中旬覆膜，覆膜后3～4天、待膜与土面贴紧后即可播种；麦套花生在麦收前25～30天播种，套种每667平方米用种(种仁)量6千克左右。

B. 浸种催芽　剥壳选择大而饱满的种仁做种，先用两冷一开的温水(35℃～40℃)浸种3～4小时，再用稻草和青草催芽20小时左右，"粉嘴"后即可播种。

C. 播种要求　用3厘米扁铲(灰刀)在膜上打"十"字口播种或将直径3厘米竹筒破成两半插窝4厘米深播种，每垄种2行，窝距17～20厘米，套种每667平方米种植4000～5000窝，窝播2粒，胚根(嘴嘴)向下，播种后将窝孔盖严。注意窝心距垄边10厘米，既做到种、肥隔离，又防止下漂针。

④加强管理，防治病虫害

A. 苗期管理　出苗期对少数未长出膜的幼苗，要及时引出膜面，避免高温烧苗。引苗出膜时注意不要把膜口扯得太大；对烂种、虫害造成缺窝的，采用催芽补种；发现小地老虎(土蚕)等地下害虫为害时，及时用药剂防治。

B. 中期管理　在初花期及时防治地下害虫。凡苗架过旺的地块，在盛花末期每667平方米用15%多效唑30克左右，对水50升，在晴天喷雾控制徒长。

C. 后期管理　结荚期每667平方米用磷酸二氢钾150～200克或用过磷酸钙2.5千克或草木灰3千克(分别浸泡1昼夜，取其澄清液对水50升)，加尿素0.3～0.5千克、50%多菌灵50克，喷洒叶片。注意防治纹枯病、锈病、蚜虫、造桥虫、卷叶虫等病虫害。

(二)病虫害防治方法

作物病虫害防治应采用综合防治措施，即选用抗病(虫)品种，清除越冬病虫源，种子消毒处理，搞好健身控害栽培，保护利用天敌，合理施用农药等。这里主要介绍药剂防治方法。

1. 玉米病虫害

(1)玉米大、小斑病　大斑病又叫叶枯病、条斑病，小斑病又叫斑点病。一般掌握在发病初期(心叶末期前后)喷药为宜，每隔7天喷1次，连喷2～3次即可。每667平方米用50%多菌灵500倍液，或75%百菌清可湿性粉剂800～1000倍液喷雾；或70%甲基托布津100克，或20%三环唑可湿性粉剂70克，对水35～40升喷雾。

(2)玉米纹枯病　俗名花脚秆。在发病初期(病株率2%～3%)，每667平方米用5%井冈霉素水剂150毫升，或20%井冈霉素可溶性粉剂25克，对水50～75升针对植株基部喷雾。最好剥去病叶鞘再喷药。

(3)玉米螟　俗名玉米钻心虫、苞谷虫。心叶末期每667平方米用90%杀虫丹粉剂100克拌湿润细沙土3千克，或3.6%杀虫双大粒剂2～3千克点心。抽雄期，当幼虫已蛀入雄穗时，可用90%晶体敌百虫2000倍液喷药，以杀死雄穗苞内的幼虫。

(4)粘虫 俗称五色虫、行军虫、夜盗虫。当卵孵化、幼虫大部为2～3龄时，应立即开展药剂防治，每667平方米可用50%乐施禾1000倍液，或25%杀虫双水剂200～250倍液，或10%多米宝悬浮剂500～1000倍液喷雾；或50%辛硫磷乳油50%杀螟松乳油1000倍液喷雾。

(5)小地老虎 俗名土蚕、切根虫。推荐药剂包衣种子或5%喹硫磷药剂拌种(用药10～16.6克，拌种10千克)。药剂防治，3龄前幼虫，每667平方米用90%晶体敌百虫800～1000倍液，喷洒于作物幼苗或杂草上。3龄后入土的幼虫，可用90%晶体敌百虫150克，对水1.5升与切碎的30～40千克鲜草(或鲜牛皮菜等)混匀后，于傍晚撒于幼苗窝脚，每次撒10～15千克。也可用糖酒醋毒液诱杀成虫。

2. 水稻病虫害

(1)稻瘟病 又叫稻热病、烂颈瘟。药剂防治要掌握在水稻孕穗末期至抽穗初期施第一次药，重病田块在齐穗期施第二次药。每667平方米用20%三环唑可湿性粉剂100克，或75%丰登可湿性粉剂40克，或40%富士一号乳油100毫升，或30%稻瘟灵乳油100～150毫升，对水50～75升喷雾，或加水7.5～10升低容量喷雾。

(2)稻纹枯病 俗称花脚秆、烂脚瘟。每667平方米用20%井冈霉素可溶性粉剂20克，加水75升喷雾；或20%担菌宁乳剂125～150毫升，或15%粉锈宁可湿性粉剂75～100克，对水50～75升喷雾；或25%纹枯净可湿性粉剂20～30克，对水50升喷雾。一般喷药1～2次，喷第一次药后隔10～15天再喷第二次。

(3)白叶枯病 俗称着风、白叶瘟等。秧田期每667平方米用25%叶枯宁可湿性粉剂150～200克，或10%叶枯净可湿性粉剂200克，对水40～50升喷雾；本田期用上述药剂250～300克，对水75～100升喷雾。

(4)稻曲病 又叫青粉病、丰收病。施药适期掌握在水稻破口前1周左右施第一次药，重病田齐穗期补施1次。每667平方米用40%多菌灵可湿性粉剂150～200克，或25%三唑酮可湿性粉剂100克，或50%琥胶肥酸铜可湿性粉剂100～150克，对水75～100升喷雾。

(5)水稻螟虫 俗称钻心虫。为害水稻严重的有三化螟、二化螟、大螟。每667平方米用25%杀虫双水剂200～250毫升，或25%杀虫双水剂100毫升加苏云金杆菌乳剂100毫升，或92%杀虫丹可溶性粉剂35克，任选一种，对水60～75升常规喷雾，或对水7.5～10升进行低容量喷雾。在养蚕区，可选用5%杀虫双大粒剂1～1.25千克或18%杀虫双洒滴剂200～250毫升均匀撒(洒)施，施药后应保持田中有3～5厘米水层3天以上。

(6)稻飞虱和稻叶蝉 俗称稻虱子、浮主子等。每667平方米用25%扑虱灵可湿性粉剂25克，或10%吡虫啉(大功臣、大丰收、蚜虱净)可湿性粉剂30～40克，或10%叶蝉散可湿性粉剂250克，或25%叶蝉散乳油100毫升，对水50～60升常量喷雾，或对水7.5～10升低容量机动喷雾。

(7)稻纵卷叶螟 掌握1～2龄幼虫高峰期，当达到防治指标时应及时施药防治。每667平方米用50%杀螟松乳油或25%杀虫双水剂200～250毫升，或10%多来宝悬浮剂500～700倍液喷雾。

(8)稻蓟马 每667平方米用92%杀虫丹可溶性粉剂35克或25%杀虫双水剂150～200毫升，对水60升喷雾。

(9)稻苞虫 俗称苞叶虫、卷叶虫。每667平方米用苏云金杆菌乳剂100～150毫升，或90％晶体敌百虫100克，对水50～70升常规喷雾，或对水5～7.5升低容量喷雾。

(10)稻蝗 俗名油蚱蜢、蚂蚱。每667平方米用60％敌马合剂100克，或50％杀螟松乳油100毫升，或25％多杀菊酯、菊马乳油25毫升，或10％多米宝悬浮剂50毫升，对水50～60升喷雾。

3. 麦类病虫害

(1)小麦赤霉病 俗名烂麦头。每667平方米用50％多菌灵可湿性粉剂100克，或70％甲基托布津可湿性粉剂75克，或64％麦棉灵可湿性粉剂50克，或40％禾枯灵可湿性粉剂75克，对水50～60升喷雾。可兼治锈病、白粉病和霜霉病、叶枯病。

(2)小麦白粉病 每667平方米用15％粉锈宁可湿性粉剂100～150克，或64％麦棉宁可湿性粉剂50克，或40％禾枯灵可湿性粉剂75克，对水50～75升喷雾；或20％粉锈宁乳油2000倍液，或多菌灵可湿性粉剂500倍液喷雾。

(3)小麦锈病 俗名黄疸，群众叫黄锈病。每667平方米用15％粉锈宁可湿性粉剂100克，或20％粉锈宁乳油50毫升，或64％麦棉灵可湿性粉剂50克，或25％科惠乳油30～40毫升，对水45～60升常量喷雾，或对水7.5～10升低容量喷雾。

(4)小麦纹枯病 每667平方米用5％井冈霉素水剂250毫升，或20％井冈霉素可溶性粉剂25克，对水40～60升，针对麦株基部喷雾，也可对水10升低容量喷雾。

(5)麦蚜 俗称腻虫、天厌。每667平方米用50％抗蚜威可湿性粉剂10～15克，或25％快杀灵乳油35～50毫升，或10%大功臣可湿性粉剂10～15克,或10%阿维菌素乳油15～20毫升,或50%杀螟松乳油30毫升,对水50～60升常量喷雾,或对水5～7.5升机动喷雾。

(6)麦蜘蛛 俗名红厌、火龙。每667平方米用15%哒螨灵乳油15～20毫升,或2%灭扫利乳油20～30毫升,或25%多杀菊酯乳油50～75毫升,对水50～60升喷雾。

(7)麦鞘毛眼水蝇 又叫麦水蝇。每667平方米用40%乐果乳油1500倍液,或90%晶体敌百虫1500倍液,或50%杀螟松乳油1500倍液,或50%马拉硫磷乳油1000倍液,在成虫盛发初期喷雾。

4. 薯类病虫害

(1)甘薯黑斑病 又叫甘薯黑疤病。药剂浸种,用抗菌剂"402"1500倍液浸种10分钟,或50%甲基托布津可湿性粉剂1000倍液浸种10分钟。药剂浸苗,用50%甲基托布津可湿性粉剂500倍液浸苗5～10分钟。及时防治地下害虫和田鼠,减少疾病侵染机会。

(2)马铃薯晚疫病 俗名火风。可选用1∶1∶100波尔多液,或25%瑞毒霉可湿性粉剂1400～1500倍液,或50%灭菌丹可湿性粉剂500～600倍液,或64%杀毒矾可湿性粉剂500倍液,或40%乙磷铝可湿性粉剂200～400倍液喷雾,每隔7～10天喷1次,连续喷2～3次。

(3)马铃薯癌肿病 薯块出苗10%至齐苗期,每667平方米用15%粉锈宁可湿性粉剂200克,对水300～500升灌窝,每窝灌0.25升药液。

(4)甘薯叶甲 又叫红苕金花虫,俗称滚山猪、小老母虫等。喷药杀灭成虫,掌握成虫出土盛期,用50%倍硫磷乳油1000～1500倍液、90%晶体敌百虫1000倍液,每667平方米用60～75升药液，每隔5～7天喷1次，连续喷2～3次。

(5)甘薯麦蛾 又叫红苕卷叶虫。掌握幼虫卷叶期于下午4～5时施药为宜。每667平方米用90%晶体敌百虫1000倍液，或40%乐果乳油1200倍液，或4.5%高效氯氰菊酯乳油1500～2000倍液，或50%倍硫磷乳油1000～1500倍液喷雾。

(6)马铃薯块茎蛾 又名马铃薯麦蛾、马铃薯蛀虫、串皮虫等。在幼虫为害盛期，可喷洒50%辛硫磷乳油、2.5%功夫乳油各2000～4000倍液。

5. 豆类病虫害

(1)大豆花叶病 彻底治蚜，用药与防治麦蚜药剂相同。

(2)大豆霜霉病 发病初期可用1：1：200波尔多液或75%百菌清可湿性粉剂700～800倍液喷雾。

(3)大豆紫斑病 发病期用50%甲基托布津可湿性粉剂、50%多菌灵可湿性粉剂、50%苯来特可湿性粉剂1000倍液喷雾。

(4)蚕豆赤斑病 俗称豆瘟、红点病。在盛花结荚期，掌握发病初期喷施65%代森锌可湿性粉剂500～600倍液，或50%灭菌丹可湿性粉剂500倍液，或50%多菌灵可湿性粉剂1000倍液，或50%扑海因可湿性粉剂1000～1500倍液，或50%速克灵可湿性粉剂1000～1500倍液，每隔7～10天喷1次，连喷2～3次。

(5)豆类锈病 药剂可用25%粉锈宁可湿性粉剂800～1000倍液，或50%多菌灵可湿性粉剂500～800倍液，或75%百菌清可湿性粉剂600～800倍液，或40%敌唑酮可湿性粉剂4000倍液，或2.5%敌力脱乳油4000倍液。除粉锈宁和敌唑酮用药间隔时间为20天外，其余药剂每隔7～10天喷药

1次，连喷2～3次。

(6)豆荚螟 俗称豆蛀虫。在成虫盛发期或卵孵化盛期喷药剂于豆荚上，毒杀成虫及初孵幼虫。每667平方米用5%卡死克乳油50～75毫升，对水50～60升喷雾；或50%辛硫磷乳油1000～1500倍液或50%杀螟松1000倍液喷雾。

(7)大豆食心虫 在成虫盛发期以及幼虫盛孵期，每667平方米用2%倍硫磷粉剂或2%杀螟松粉剂2～4千克喷雾。

(8)蛴螬 俗称白土蚕、花生老母虫。在成虫盛发期，在寄主枝叶上喷洒90%晶体敌百虫1000倍液，或50%辛硫磷乳油1000倍液。

(9)蚕豆象和豌豆象 蚕虫象又叫红脚象，豌豆象又叫豌豆虫。在蚕豆、豌豆盛花期，正是成虫产卵期，可用90%晶体敌百虫1000倍液，或50%马拉硫磷乳油1000倍液喷雾。

6. 花生病虫害

(1)花生青枯病 俗称花生瘟、死蔸。当发现病株时用铜氨液淋病株及四周健株。铜氨液的配制方法：用硫酸铜1千克与碳铵或硫酸铵7千克混匀后，加入消石灰2千克混匀，立即用塑料袋包好，或装入缸内密封12小时。用时对水1200～1500升进行稀释，每株灌药液0.25升。

(2)花生黑斑病和褐斑病 统称为叶斑病。可喷施50%多菌灵可湿性粉剂1000～1500倍液，或70%代森锰锌可湿性粉剂400～600倍液，或75%百菌清可湿性粉剂600～800倍液；或每667平方米用12.5%速保利可湿性粉剂20～40克，对水60～75升喷雾，每隔7～10天喷1次，连喷2～3次。

(3)花生蚜虫 用40%乐果乳油1500～2000倍液，50%马拉硫磷乳油1000～1500倍液，50%杀螟松乳油1000倍液喷雾。

7. 蔬菜病虫害

(1)十字花科蔬菜软腐病 又叫腐烂病、烂疙瘩。可选用50%代森铵可湿性粉剂1000倍液,或农用链霉素200毫克/千克,或新植霉素200~400毫克/千克,或抗菌剂"401"500~600倍液喷雾,每隔7~10天喷1次,共喷2~3次。

(2)十字花科蔬菜病毒病 又叫花叶病。苗期可喷洒1.5%植病灵乳油800~1200倍液,或83增抗剂100倍液,每隔10~15天喷1次,连续喷2~3次,有一定的防治效果。

(3)十字花科蔬菜霜霉病 通常称为龙头病。可用70%代森锰锌可湿性粉剂500倍液,或75%百菌清可湿性粉剂500倍液,或40%乙磷铝可湿性粉剂300倍液,或25%瑞毒霉可湿性粉剂800倍液,或64%杀毒矾可湿性粉剂400~500倍液喷雾,每隔5~7天喷1次,连喷2~3次。

(4)菜粉蝶 又名菜白蝶,幼虫叫菜青虫。可用1.8%集琦虫螨克乳油3000倍液,或25%快杀灵乳油3000~5000倍液,或3%莫比朗乳油3000~4000倍液,或5%卡死克乳油4000倍液,或40%菊马乳油2000~3000倍液,或20%灭幼脲1号悬浮剂500~1000倍液喷雾。

(5)菜蛾 又称小菜蛾,土名吊丝虫、小青虫。可用1.8%集琦虫螨克乳油3000倍液,或5%锐劲特悬浮剂3000倍液,或5%卡死克乳油4000倍液,或2.5%功夫乳油3000~4000倍液喷雾。也可每667平方米用5%来福灵乳油15~30毫升,对水50~75升喷雾。

(6)猿叶虫 俗称黑壳虫、乌壳虫。药剂防治可参照菜粉蝶。

8. 麦冬病虫害

(1)黑斑病 多发于6～7月份雨季，侵害叶片。栽种前可用65%代森锌可湿性粉剂500倍液浸种5分钟；雨季及时排水，降低田间湿度；发病初期喷65%代森锌可湿性粉剂500倍液，每7～10天喷1次，连续喷3次。

(2)根结线虫病 为害根部，使根部形成瘿瘤，须根缩短。表皮粗糙、开裂，呈红褐色。切开瘿瘤，可见大量白色发亮的球状物，即为雌性线虫。防治上可与禾本科作物轮作或水旱轮作；种植前，用辛硫灵或喹硫灵800～1000倍液，每667平方米用100毫升喷施畦内进行土壤处理。

(3)蛴螬 多发于8～9月份。可用90%晶体敌百虫200倍液防治；实行水旱轮作。

第二章 稻田玉米种植模式

当前生产上带状间套种植的行比，主要有“双二五”、“双三〇”等种植方式，即小春 1.66 米、2 米开厢，小麦带宽分别为 0.83 米、1 米。预留行宽 0.83 米、1 米。小麦带一般种植小麦或马铃薯；预留行一般种植春菜或绿肥（饲料），收获后套种春玉米。

耕作改制的表示方法：“—”符号表示连作，即年内接茬种植或复种，如小麦—水稻，表示净作小麦收获后种植水稻。“/”符号表示套作，如小麦/玉米、玉米/甘薯（红苕），表示小麦套种玉米、玉米套种甘薯（红苕）。“‖”符号表示间作，如小麦‖蔬菜、小麦‖大麦，表示小麦间作蔬菜、小麦间作大麦。

一、基本种植模式及栽培技术

（一）种植模式及产量（值）指标

1. 基本种植模式（小麦/早春玉米—迟中稻）的产量（值）指标

全年每 667 平方米粮食产量 1 000～1 100 千克，产值 1 340～1 475 元。其中小麦产量 200～250 千克，产值 260～325 元；早春玉米产量 400～450 千克，产值 560～630 元；水稻产量 400 千克，产值 520 元。

2. 原种植模式（小麦—水稻）的产量（值）指标

全年每 667 平方米粮食产量 800 千克，产值 1040 元。其中小麦产量 300 千克，产值 390 元；水稻产量 500 千克，产值 650 元。

3. 基本种植模式与原种植模式比较

粮食产量增加 200～300 千克，增幅 25%～37.5%；产值增加 300～435 元，增幅 28.8%～41.8%。

（二）栽培技术

1. 作物配置及茬口衔接

一般采用“双二五”。小春 1.66 米开厢，平分两带。小麦播幅宽 0.83 米，预留行宽 0.83 米。播种期为上年 10 月下旬至 11 月上旬，每带播幅种植 5 行，窝距 0.13 米，每 667 平方米种植 15000 窝，当年 5 月上、中旬收获。早春玉米种植在预留行内，播种（盖膜肥团育苗）期 2 月上旬，苗龄一般 25 天左右（2～2.5 叶），移栽期 2 月下旬至 3 月上旬。双行种植，大田覆盖秸秆或地膜，每 667 平方米种植 3500 株，单株株距 0.23 米，7 月上、中旬收获。迟中稻栽植在已收获早春玉米的田内，播种（育秧）期 5 月上、中旬，采用旱育秧方式，秧龄60～70 天。待早春玉米收获后，及时整田栽秧，每 667 平方米栽插 25000 窝，不再分带（下同），按宽窄行栽植，即宽行 0.33 米，窄行 0.2 米，窝距 0.1 米，杂交籼稻每窝栽 7 片，粳稻每窝栽 9 片，10 月上、中旬收获。

2. 技术流程

主要环节：小麦播前准备—小麦规范播种—小麦冬前管理—小麦早春管理—早春玉米育苗—早春玉米移栽（大田覆盖秸秆或地膜）—小麦防治病虫害—早春玉米施肥管理—迟中稻播种（旱育秧）—小麦收获—早春玉米施肥、治虫—迟中

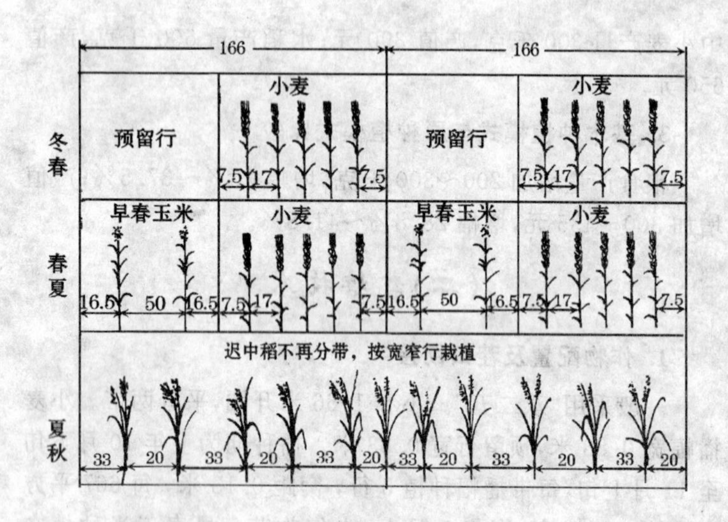

稻田基本种植模式示意图 （单位:厘米）

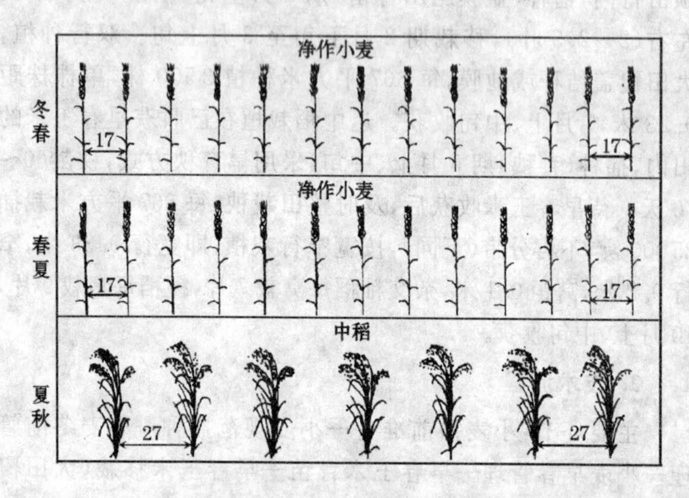

稻田原种植模式示意图 （单位:厘米）

稻苗床管理—早春玉米收获—迟中稻整田栽秧—迟中稻田间管理(追肥、防治病虫害)—迟中稻收获。

3. 栽培技术要点

详见本书第一章种植新技术中小麦、玉米、水稻的栽培技术。

二、八种种植模式及栽培技术

模式一(春马铃薯‖春菜/鲜食春玉米/大豆/鲜食秋玉米)

1. 产量(值)指标

1年五熟,均为经济作物。全年每667平方米产值2530元。其中春马铃薯(洋芋)产量600千克(单价0.5元/千克,下同),产值300元;春菜产量400千克(单价0.8元/千克,下同),产值320元;鲜食春玉米产量500千克(单价2.5元/千克,下同),产值1250元;大豆产量60千克(单价3.5元/千克,下同),产值210元;鲜食秋玉米产量300千克(单价1.5元/千克,下同),产值450元。根据市场情况,价格偏低时可以收获干粒秋玉米),产值450元。原种植模式小麦－水稻1年两熟,粮食产量800千克,产值1040元(其中小麦产量300千克,单价1.3元/千克,产值390元;水稻产量500千克,单价1.3元/千克,产值650元。下同)。模式一以增加经济收入为主,不收获粮食,比原种植模式粮食产量减少800千克,产值增加1490元、增幅143.3%。此外,种植大豆、蔬菜等养地和兼养地作物,可以增加土壤养分,提高肥力。而且同一块田，今年改用这种种植模式，明年仍种小麦(油菜)—水稻，这样水旱轮作有利于改善土壤结构，减轻病虫害。该模式适宜在城市近郊和交通便利的地方采用。

2. 作物配置及茬口衔接

一般采用“双二五”。小春 1.66 米开厢，平分两带。春马铃薯播幅宽 0.83 米，预留行宽 0.83 米。春菜种植在预留行内，播种期为上年 10 月上、中旬，双行种植，当年 2 月下旬前收获。春马铃薯播种期 1 月上、中旬，双行种植，每 667 平方米栽 3500 窝，窝距 0.23 米，5 月上、中旬收获。鲜食春玉米种植在已收获的春菜播幅内，播种期 2 月上旬，盖膜肥团育苗，苗龄一般 25 天左右(幼苗 2～2.5 叶)，移栽期 2 月下旬至 3 月初，双行种植，大田覆盖秸秆和地膜，每 667 平方米种植 3500株，单株株距 0.23 米，6 月上、中旬收获。大豆种植在已收获的春马铃薯播幅内，播种期 5 月中、下旬，双行种植，每 667 平方米种植 3500 窝，窝距 0.22 米，每窝成苗2～3 株，10 月上、中旬收获。鲜食秋玉米种植在已收获的鲜食春玉米播幅内，播种期在 5 月下旬至 6 月上旬，于鲜食春玉米收获前 10 天肥团育苗，苗龄 10 天左右，待鲜食春玉米收获后，及时移栽幼苗(鲜食秋玉米也可以于鲜食春玉米收获后直播)，双行，每 667 平方米种植 3500～4000 株，单株株距 0.2～0.23 米，8 月下旬至 9 月上旬收获。

3. 技术流程

主要环节：春菜播种—春马铃薯播前准备—春菜田间管理—春马铃薯规范播种—鲜食春玉米盖膜育苗—春菜收获—鲜食春玉米移栽(大田覆盖秸秆或地膜)—春马铃薯田间管理—鲜食春玉米肥水管理—春马铃薯收获—大豆播种—鲜食

春玉米追肥、治虫—鲜食秋玉米育苗—鲜食春玉米收获—鲜食秋玉米移栽(或直播)—鲜食秋玉米追肥、治虫—鲜食秋玉米收获—大豆收获。

4. 栽培技术要点

详见本书第一章种植新技术中蔬菜、马铃薯、玉米、大豆的栽培技术。

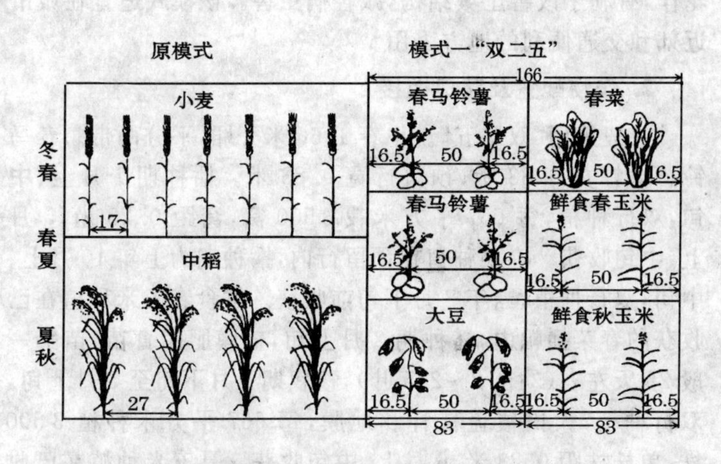

种植模式一示意图　(单位:厘米)

模式二(春马铃薯‖春菜/鲜食春玉米/夏玉米/秋大豆)

1. 产量(值)指标

1 年五熟,4 经 1 粮。全年每 667 平方米粮食产量 350 千克,产值 2 450 元。其中春马铃薯产量 600 千克,产值 300 元;

春菜产量 400 千克，产值 320 元；鲜食春玉米产量 480 千克，产值 1 200 元；夏玉米产量 350 千克（单价 1.4 元/千克，下同），产值 490 元；秋大豆产量 40 千克，产值 140 元。原种植模式小麦—水稻 1 年两熟，粮食产量 800 千克，产值 1040 元。模式二比原种植模式粮食产量减少 450 千克、减幅 56.3%；产值增加 1410 元，增幅 135.6%。此外，种植大豆、蔬菜等养地和兼养地作物，可以增加土壤养分，提高肥力。还可以水旱轮作，有利于改善土壤结构，减轻病虫害。该模式适宜在城市近郊和交通便利的地方采用。

2. 作物配置及茬口衔接

一般采用“双二五”。小春 1.66 米开厢，平分两带。春马铃薯播幅宽 0.83 米，预留行宽 0.83 米。播种期 1 月上、中旬，双行种植，每 667 平方米栽 3 500 窝，窝距 0.23 米，5 月上、中旬收获。春菜种植在预留行内，播种期为上年 10 月上、中旬，双行种植，当年 2 月下旬前收获。鲜食春玉米种植在已收获的春菜播幅内，播种期 2 月上旬，盖膜肥团育苗，苗龄一般 25 天左右（幼苗 2～2.5 叶），移栽期 2 月下旬至 3 月上旬，双行种植，大田覆盖秸秆和地膜，每 667 平方米种植 3 500 株，单株株距 0.23 米，6 月上、中旬收获。夏玉米种植在已收获的春马铃薯播幅内，播种期 5 月中、下旬，露地肥团育苗，苗龄 10 天左右（也可直播），双行，每 667 平方米种植 3 000 株，单株株距 0.27 米，与鲜食春玉米共生期 10 天左右，8 月下旬至 9 月上旬收获。秋大豆种植在已收获的鲜食春玉米播幅内，播种期 6 月中、下旬，双行种植，每 667 平方米种植 3 000 窝，窝距 0.27 米，每窝成苗 2～3 株，10 月中、下旬收获。

3. 技术流程

主要环节：春菜播种—春马铃薯播前准备—春菜田间管

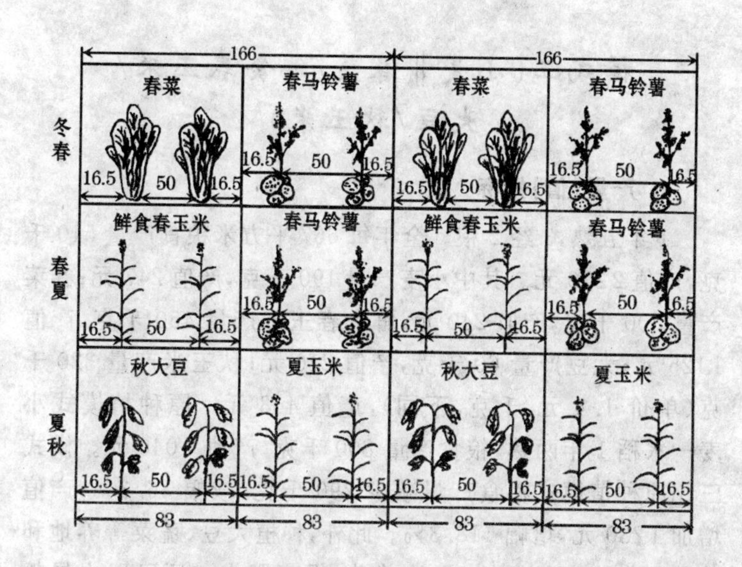

种植模式二示意图 （单位:厘米）

理—春马铃薯规范播种—鲜食春玉米盖膜育苗—春菜收获—鲜食春玉米移栽(大田覆盖秸秆或地膜)—春马铃薯田间管理—鲜食春玉米肥水管理—春马铃薯收获—鲜食春玉米追肥、治虫—夏玉米育苗、移栽(或直播)—鲜食春玉米收获—夏玉米肥水管理—秋大豆播种—夏玉米追肥、治虫—夏玉米收获—秋大豆收获。

4. 栽培技术要点

详见本书第一章种植新技术中蔬菜、马铃薯、玉米(夏玉米栽培参照秋玉米栽培技术)、大豆的栽培技术。

模式三(小麦‖春菜/鲜食春玉米/大豆/秋玉米)

1. 产量(值)指标

1年五熟,3经2粮。全年每667平方米粮食产量510千克,产值2270元。其中小麦产量190千克,产值247元;春菜产量300千克,产值240元;鲜食春玉米产量450千克,产值1125元;大豆产量60千克,产值210元;秋玉米产量320千克(单价1.4元/千克,下同),产值448元。原种植模式小麦—水稻1年两熟,粮食产量800千克,产值1040元。模式三比原种植模式粮食产量减少290千克,减幅36.3%;产值增加1230元,增幅118.3%。此外,种植大豆、蔬菜等养地和兼养地作物,可以增加土地养分,提高肥力。还可以水旱轮作,有利于改善土壤结构,减轻病虫害。该模式适宜在城市近郊和交通便利的地方采用。

2. 作物配置及茬口衔接

一般采用"双二五"。小春1.66米开厢,平分两带。小麦播幅宽0.83米,预留行宽0.83米。播种期为上年10月底至11月初,每带播幅种植5行,每667平方米种15000窝,窝距0.13米,当年5月上、中旬收获。春菜栽植在预留行内,播种期为上年10月上、中旬,双行种植,当年2月下旬前收获。鲜食春玉米种植在已收获的春菜播幅内,播种期2月上旬,盖膜肥团育苗,苗龄一般25天左右(幼苗2~2.5叶),移栽期2月下旬至3月上旬,双行种植,大田覆盖秸秆或地膜,每667平方米种植3500株,单株株距0.23米,6月上、中旬收获。大豆种植在已收获的小麦带播幅内,播种期5月中、下旬,双行种植，每667平方米种植3500窝，窝距0.22米，每窝成苗2～3株，10月上、中旬收获。秋玉米种植在已收获的鲜食春玉米播幅内，播种期5月下旬至6月上旬(鲜食春玉米收获前10天)，肥团育苗，苗龄10天左右，待鲜食春玉米收获后，及时移栽秋玉米幼苗(鲜食春玉米收获后，也可直播)，双行种植，每667平方米栽种3500～4000株，单株株距0.2～0.23米，9月下旬收获。

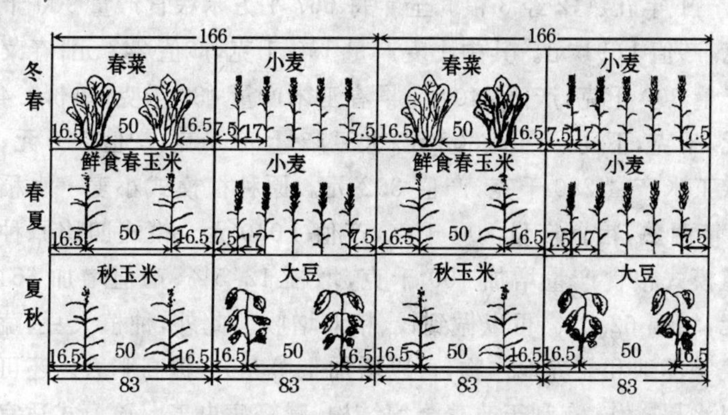

种植模式三示意图 (单位:厘米)

3. 技术流程

主要环节:春菜播种—小麦播前准备—小麦规范播种—春菜田间管理—小麦冬前管理—小麦早春管理—鲜食春玉米盖膜育苗—春菜收获—鲜食春玉米移栽(大田覆盖秸秆或地膜)—小麦防治病虫害—鲜食春玉米肥水管理—小麦收获—大豆播种—秋玉米育苗—鲜食春玉米收获—秋玉米移栽(或直播)—秋玉米追肥、治虫—秋玉米收获—大豆收获。

4. 栽培技术要点

详见本书第一章种植新技术中蔬菜、小麦、玉米、大豆的栽培技术。

模式四(小麦‖春菜/早春玉米/大豆/秋玉米)

1. 产量(值)指标

1年五熟,2经3粮。全年每667平方米粮食产量900千克,产值1691元。其中小麦产量190千克,产值247元;春菜产量300千克,产值240元;早春玉米产量430千克(单价1.4元/千克,下同),产值602元;大豆产量60千克,产值210元;秋玉米产量280千克,产值392元。原种植模式小麦—水稻1年两熟,粮食产量800千克,产值1040元。模式四比原种植模式粮食产量增加100千克,增幅12.5%;产值增加651元,增幅62.6%,可以做到钱、粮双增收。此外,种植大豆、蔬菜等养地和兼养地作物,可以增加土壤养分,提高肥力。还可以水旱轮作,有利于改善土壤结构,减轻病虫害。该模式适宜在高塝田、望天田、漏筛田、尾水田的地方采用。“水路不通主动走旱路”。以旱制旱,趋利避害,增产增收。

2. 作物配置及茬口衔接

一般采用“双二五”。小春1.66米开厢,平分两带。小麦播幅宽0.83米,预留行宽0.83米。播种期为上年10月底至11月初,每带播幅种植5行,每667平方米种植15000窝,窝距0.13米,当年5月上、中旬收获。春菜栽植在预留行内,播种期为上年10月上、中旬,双行种植,当年2月下旬前收获。早春玉米种植在已收获的春菜播幅内,播种期2月上旬,盖膜肥团育苗,苗龄一般25天左右(幼苗2~2.5叶),移栽期2月下旬至3月上旬，双行种植，大田覆盖秸秆或地膜，每667平方米种植3500株，单株株距0.23米，7月上、中旬收获。大豆种植在已收获的小麦播幅内，播种期5月中、下旬，双行种植，每667平方米种植3500窝，窝距0.22米，每窝成苗2～3株，10月上、中旬收获。秋玉米种植在已收获的早春玉米播幅内，播种期6月下旬至7月上旬(早春玉米收获前10天)，肥团育苗，苗龄10天左右(幼苗3叶)，待早春玉米收获后，及时移栽秋玉米幼苗(也可直播)，双行种植，每667平方米栽种3500～4000株，单株株距0.2～0.23米，10月上、中旬收获。

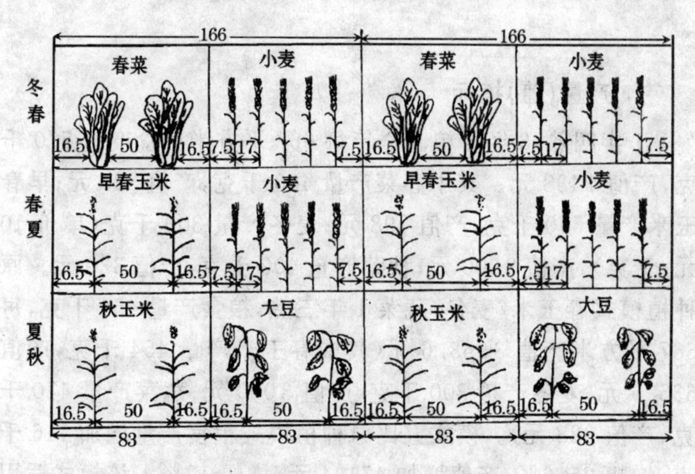

种植模式四示意图 (单位:厘米)

3. 技术流程

主要环节:春菜播种—小麦播前准备—小麦规范播种—春菜田间管理—小麦冬前管理—小麦早春管理—早春玉米盖膜育苗—春菜收获—早春玉米移栽(大田覆盖秸秆或地膜)—小麦防治病虫害—早春玉米肥水管理—小麦收获—大豆播

种—早春玉米追肥、治虫—秋玉米育苗—早春玉米收获—秋玉米移栽(或直播)—秋玉米追肥、治虫—秋玉米收获—大豆收获。

4. 栽培技术要点

详见本书第一章种植新技术中蔬菜、小麦、玉米、大豆的栽培技术。

模式五[春菜/早春玉米/药材(麦冬)/秋菜]

1. 产量(值)指标

1年四熟,3经1粮。全年每667平方米粮食产量570千克,产值4438元。其中春菜产量400千克,产值320元;早春玉米产量570千克,产值798元;麦冬产量300千克(单价10元/千克),产值3000元;秋菜产量400千克,产值320元。原种植模式春玉米/麦冬/蔬菜1年三熟,粮食产量454千克,每667平方米产值3963.6元(其中春玉米产量454千克,产值635.6元;麦冬产量300千克,产值3000元;蔬菜产量410千克,产值328元)。模式五比原种植模式粮食产量增加116千克,增幅25.6%;产值增加474.4元,增幅12%。该模式适用于土壤肥沃、灌溉条件较好的麦冬产区。可根据市场对药材(麦冬)的需求,采用公司加农户的方式适当发展。

2. 作物配置及茬口衔接

一般采用2米开厢,平分两带,每带各1米,其中0.67米种植麦冬,0.33米套种作物。春菜种植在0.33米播幅内,播种期为上年10月中旬,单行种植,当年3月上旬收获。早春玉米种植在已收获的春菜播幅内，播种期 2 月上、中旬，盖膜肥团育苗，苗龄一般 25 天左右(幼苗 2～2.5 叶)，移栽期 3 月上旬，单行种植，大田覆盖秸秆或地膜，每 667 平方米种植 3500株，单株株距 0.19 米，7 月上、中旬收获。麦冬种植在 0.67米播幅内，栽植期 4 月下旬至 5 月上旬，每带播幅内种植 5 行。行距 0.14 米，窝距 0.15 米，每窝栽 1 丛(3～5 个单株用稻草捆成小把)，每 667 平方米栽植 21 280 窝，翌年 4 月下旬至 5 月上旬收获后，轮作换地栽植。秋菜种植在已收获的早春玉米播幅内，栽植期 7 月上、中旬，单行种植，10 月上、中旬收获。

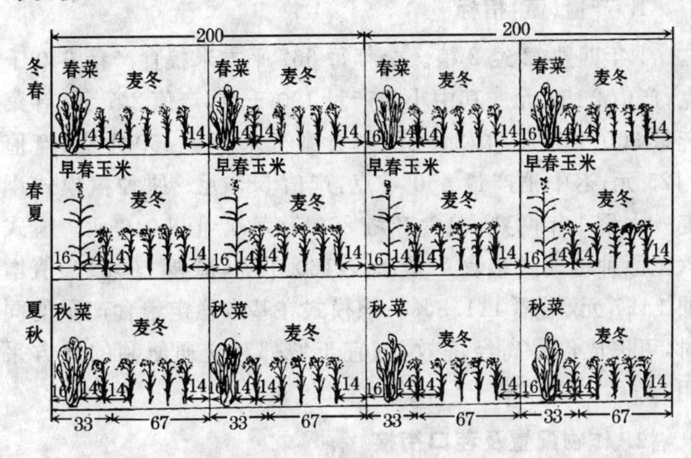

种植模式五示意图 (单位:厘米)

3. 技术流程

主要环节:春菜播种—麦冬田间管理—春菜田间管理—早春玉米盖膜育苗—麦冬田间管理—春菜收获—早春玉米移栽(大田覆盖秸秆或地膜)—麦冬田间管理—早春玉米肥水管理—麦冬收获—麦冬轮作换地栽植—早春玉米追肥、治虫—

麦冬田间管理—早春玉米收获—秋菜种植—麦冬田间管理—秋菜收获—麦冬田间管理。

4. 栽培技术要点

详见本书第一章种植新技术中蔬菜、玉米、麦冬的栽培技术。

模式六(小麦‖春菜/鲜食春玉米—迟中稻)

1. 产量(值)指标

1年四熟,2经2粮。全年每667平方米粮食产量640千克,产值2197元。其中小麦产量190千克,产值247元;春菜产量300千克,产值240元;鲜食春玉米产量450千克,产值1125元;迟中稻产量450千克,产值585元。原种植模式小麦—水稻1年两熟,粮食产量800千克,产值1040元。模式六比原种植模式粮食产量减少160千克,减幅20%;产值增加1157元,增幅111.3%。该模式在基本稳定粮食产量的同时,可以成倍提高经济效益,宜于城郊和交通便利的地方采用。

2. 作物配置及茬口衔接

一般采用"双二五"。小春1.66米开厢,平分两带。小麦播幅宽0.83米,预留行宽0.83米。播种期为上年10月底至11月初,每带播幅种植5行,每667平方米种植15000窝,窝距0.13米,当年5月上、中旬收获。春菜种植在预留行内,播种期为上年10月上、中旬,双行种植,当年2月下旬前收获。鲜食春玉米种植在已收获的春菜播幅内,播种期2月上旬,盖膜肥团育苗，苗龄一般 25 天左右(幼苗 2～2.5 叶)，移栽期 2 月下旬至 3 月上旬，双行栽植，大田覆盖秸秆或地膜，每 667 平方米栽植 3 500 株，单株株距 0.23 米，6 月上、中旬收获。迟中稻栽植在鲜食春玉米收获后的稻田内，播种期 4 月中、下旬，采用旱育秧，秧龄 50～60 天，待鲜食春玉米收获后(6 月上、中旬)，及时整田、灌水栽秧，每 667 平方米栽插21 000窝，不再分带，按宽窄行栽植，即宽行 0.33 米，窄行 0.2 米，窝距 0.12 米，杂交籼稻每窝栽 6 片，粳稻每窝栽 8 片，9 月中、下旬收获。

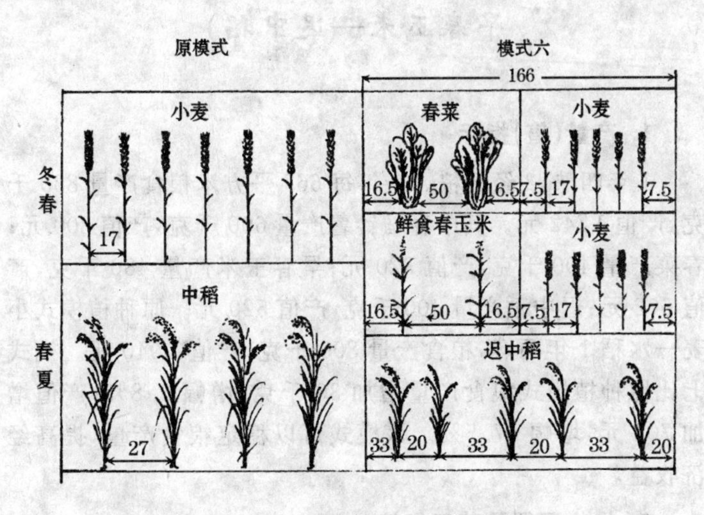

种植模式六示意图　(单位:厘米)

3. 技术流程

主要环节:春菜播种—小麦播前准备—小麦规范播种—春菜田间管理—小麦冬前管理—小麦早春管理—鲜食春玉米盖膜育苗—春菜收获—鲜食春玉米移栽(大田覆盖秸秆或地

膜)—小麦防治病虫害—鲜食春玉米肥水管理—迟中稻播种(旱育秧)—小麦收获—鲜食春玉米追肥、治虫—迟中稻苗床管理—鲜食春玉米收获—迟中稻整田、栽秧—迟中稻田间管理(追肥、防治病虫害)—迟中稻收获。

4. 栽培技术要点

详见本书第一章种植新技术中蔬菜、小麦、玉米、水稻的栽培技术。

模式七(春马铃薯‖春菜/早春玉米—迟中稻)

1. 产量(值)指标

1年四熟,2经2粮。全年每667平方米粮食产量830千克,产值1742元。其中春马铃薯产量600千克,产值300元;春菜产量400千克,产值320元;早春玉米产量430千克,产值602元;迟中稻产量400千克,产值520元。原种植模式小麦—水稻1年两熟,粮食产量800千克,产值1040元。模式七比原种植模式粮食产量增加30千克,增幅3.8%;产值增加702元,增幅67.5%。该模式可以稳定粮食产量,提高经济收益。

2. 作物配置及茬口衔接

一般采用“双二五”。小春1.66米开厢,平分两带。春马铃薯播幅宽0.83米,预留行宽0.83米。播种期1月上、中旬,双行种植,每667平方米栽种3500窝,窝距0.23米,5月上、中旬收获。春菜种植在预留行内,播种期为上年10月上、中旬,双行种植,当年2月下旬收获。早春玉米种植在已收获的春菜播幅内，播种期2月上、中旬，盖膜肥团育苗，苗龄一般25天左右(幼苗2～2.5叶)，移栽期2月下旬至3月初，双行种植，大田覆盖秸秆和地膜，每667平方米种植3500株，单株株距0.23米，7月上、中旬收获。迟中稻种植在早春玉米收获后的稻田内，播种期5月上、中旬，采用旱育秧，秧龄60～70天，待早春玉米于7月上、中旬收获后，及时整田灌水栽秧，每667平方米栽插25000窝，不再分带，按宽窄行栽植，即宽行0.33米，窄行0.2米，窝距0.1米，杂交籼稻每窝栽7片，粳稻每窝栽9片，10月上、中旬收获。

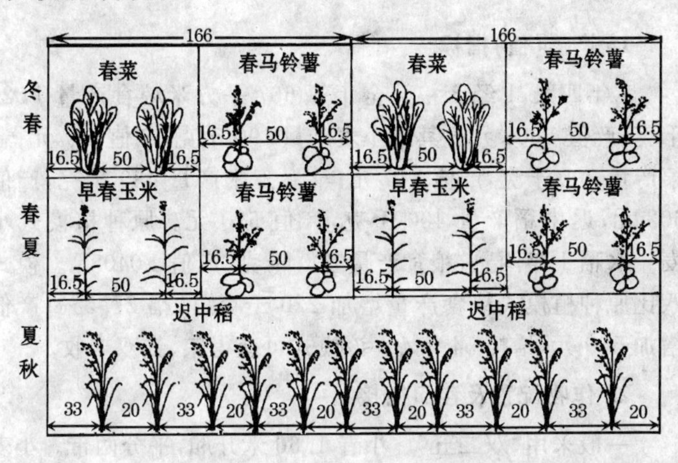

种植模式七示意图　(单位:厘米)

3. 技术流程

主要环节:春菜播种—春马铃薯播前准备—春菜管理—春马铃薯规范栽种—早春玉米播种(盖膜育苗)—春菜收获—早春玉米移栽(大田覆盖秸秆或地膜)—春马铃薯田间管理—早春玉米肥水管理—春马铃薯收获—早春玉米追肥、治虫—

迟中稻播种(旱育秧)及苗床管理—早春玉米收获—迟中稻整田、栽秧—迟中稻追肥、防治病虫害—迟中稻收获。

4. 栽培技术要点

详见本书第一章种植新技术中蔬菜、马铃薯、玉米、水稻的栽培技术。

模式八(小麦‖春菜/早春玉米—迟中稻)

1. 产量(值)指标

1 年四熟,1 经 3 粮。全年每 667 平方米粮食产量 1 020 千克,产值 1 609 元。其中小麦产量 190 千克,产值 247 元;春菜产量 300 千克,产值 240 元;早春玉米产量 430 千克,产值 602 元;迟中稻产量 400 千克,产值 520 元。原种植模式小麦—水稻 1 年两熟,粮食产量 800 千克,产值 1 040 元。模式八比原种植模式粮食产量增加 220 千克,增幅 27.5%;产值增加 569 元,增幅 54.7%。该模式可获得粮、钱双丰收。

2. 作物配置及茬口衔接

一般采用“双二五”。小春 1.66 米开厢,平分两带。小麦播幅宽 0.83 米,预留行宽 0.83 米。播种期为上年 10 月底至 11 月初,每带播幅种植 5 行,每 667 平方米种植 15 000 窝,窝距 0.13 米,当年 5 月上、中旬收获。春菜种植在预留行内,播种期为上年 10 月上、中旬,双行种植,当年 2 月下旬收获。早春玉米种植在已收获的春菜播幅内,播种期 2 月上、中旬,盖膜肥团育苗,苗龄一般 25 天左右(2～2.5 叶),移栽期 2 月底至 3 月初,双行种植,大田覆盖秸秆或地膜,每 667 平方米种

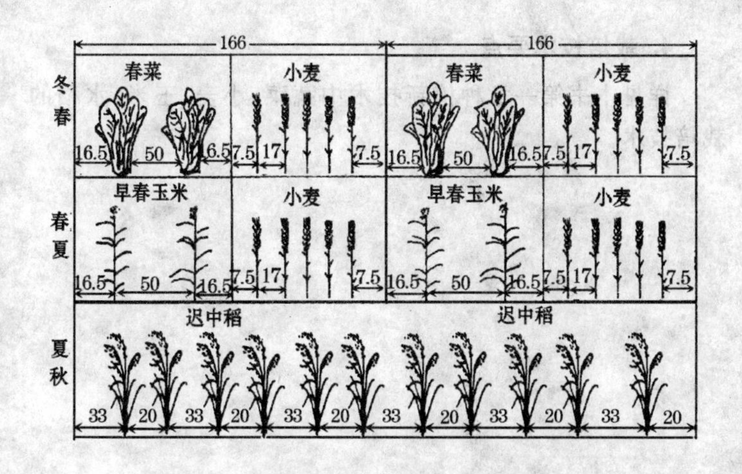

种植模式八示意图　（单位：厘米）

植 3500 株，单株株距 0.23 米，7 月上、中旬收获。迟中稻种植在已收获早春玉米的稻田内，播种期 5 月上、中旬，采用旱育秧方式，秧龄 60～70 天，待早春玉米于 7 月上、中旬收获后，及时整田灌水栽秧，每 667 平方米栽插 25000 窝，不再分带，按宽窄行栽植，即宽行 0.33 米，窄行 0.2 米，窝距 0.1 米，杂交籼稻每窝栽 7 片，粳稻每窝栽 9 片，10 月上、中旬收获。

3. 技术流程

主要环节：春菜播种—小麦播前准备—小麦规范播种—春菜田间管理—小麦冬前管理—小麦早春管理—早春玉米盖膜育苗—春菜收获—早春玉米移栽（大田覆盖秸秆或地膜）—小麦防治病虫害—早春玉米肥水管理—迟中稻播种（旱育秧）—小麦收获—早春玉米追肥、治虫—迟中稻苗床管理—早春玉米收获—迟中稻整田、栽秧—迟中稻田间管理（追肥、防治病虫害）—迟中稻收获。

4. 栽培技术要点

详见本书第一章种植新技术中蔬菜、小麦、玉米、水稻的栽培技术。

第三章　旱地玉米种植模式

一、基本种植模式及栽培技术

(一)种植模式及产量(值)指标

1. 基本种植模式(小麦/早春玉米/甘薯/秋玉米)的产量(值)指标

全年每667平方米粮食产量1 050～1 160千克,产值1 591～1 765元。其中小麦产量220～240千克,产值286～312元;早春玉米产量400～450千克,产值560～630元;甘薯折合粮食(折粮比例为5∶1,单价2.5元/千克。下同)产量130～150千克,产值325～375元;秋玉米产量300～320千克,产值420～448元。

2. 原种植模式(小麦/春玉米/甘薯)的产量(值)指标

全年每667平方米粮食产量796千克,产值1 297元。其中小麦产量220千克,产值286元;春玉米产量390千克,产值546元;甘薯产量186千克,产值465元。

3. 基本模式与原模式比较

粮食产量增加254～364千克,增幅31.9%～45.7%;产值增加294～468元,增幅22.7%～36.1%。

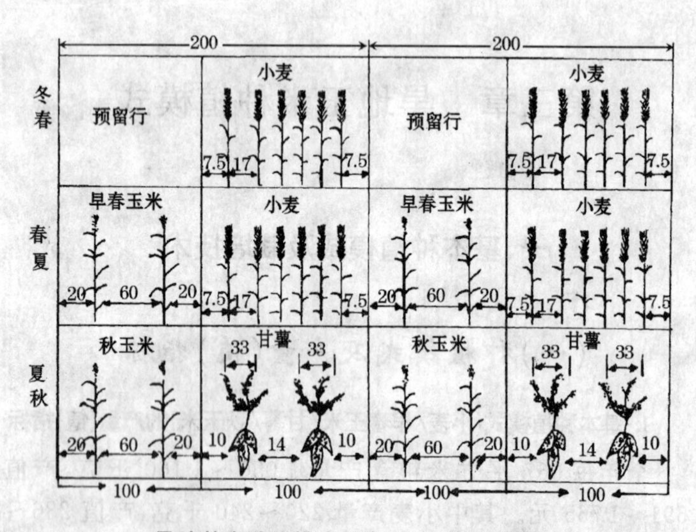

旱地基本种植模式示意图 （单位:厘米）

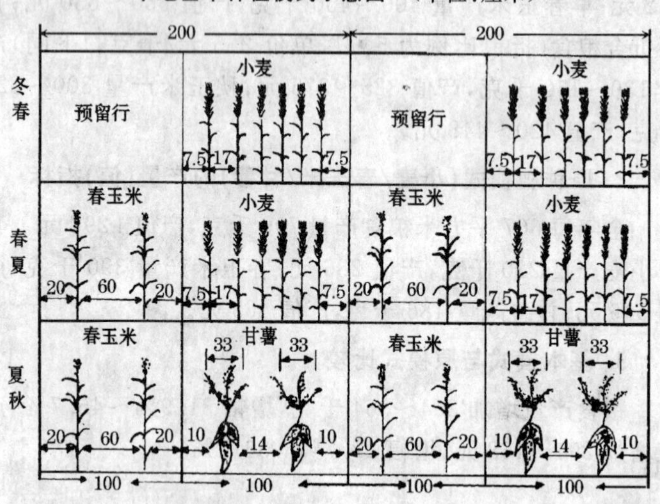

旱地原种植模式示意图之一 （单位:厘米）

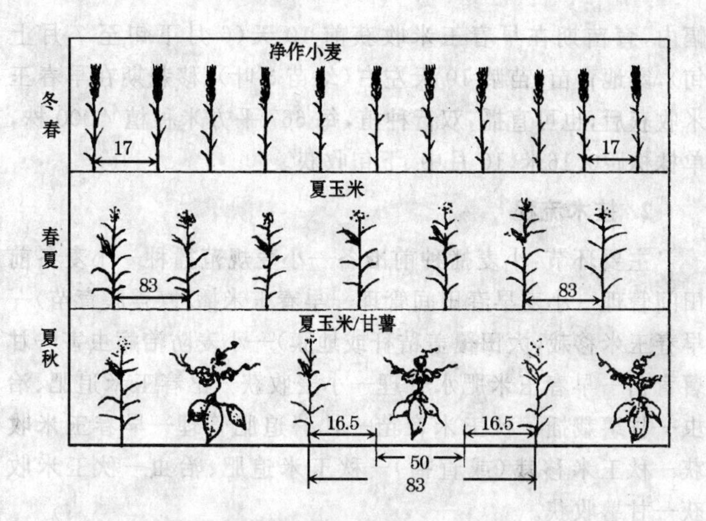

旱地原种植模式示意图之二 (单位:厘米)

(二)栽培技术

1. 作物配置及茬口衔接

一般采用“双三〇”。小春2米开厢,分为两带。小麦播幅宽1米,预留行宽1米。播种期为上年10月下旬至11月上旬,每带播幅种植6行,每667平方米种植15000窝,窝距0.13米,当年5月上旬收获。早春玉米种植在预留行内,播种(盖膜肥团育苗)期2月上、中旬,苗龄一般25天左右(2叶至2叶1心),移栽期2月下旬至3月上旬,双行种植,大田覆盖秸秆或地膜,每667平方米种植3500株,单株株距0.19米,7月上、中旬收获。甘薯种植在已收获的小麦播幅内,育苗期3月中、下旬,栽插期5月下旬至6月上旬,每带播幅做两条垄厢,每垄插1行,每667平方米种植4000窝,窝距0.16米,10月中、下旬收获。秋玉米种植在已收获的早春玉米播幅内，育苗期在早春玉米收获前10天(6月下旬至7月上旬)，露地育苗，苗龄10天左右(幼苗3叶)，移栽期在早春玉米收获后，也可直播，双行种植，每667平方米种植4000株，单株株距0.16米，10月中、下旬收获。

2. 技术流程

主要环节：小麦播种前准备—小麦规范播种—小麦冬前田间管理—小麦早春田间管理—早春玉米播种(盖膜育苗)—早春玉米移栽(大田覆盖秸秆或地膜)—小麦防治病虫害—甘薯育苗—早春玉米肥水管理—小麦收获—早春玉米追肥、治虫—甘薯栽插—秋玉米育苗—甘薯追肥管理—早春玉米收获—秋玉米移栽(或直播)—秋玉米追肥、治虫—秋玉米收获—甘薯收获。

3. 栽培技术要点

详见本书第一章种植新技术中小麦、玉米、甘薯的栽培技术。

二、十二种种植模式及栽培技术

模式一(小麦‖春菜/鲜食春玉米/甘薯/鲜食秋玉米)

1. 产量(值)指标

1年五熟，3经2粮。全年每667平方米粮食产量380千克，产值2423元。其中小麦产量230千克，产值299元；春菜产量280千克，产值224元；鲜食春玉米产量430千克，产值1075元；甘薯产量150千克(已折粮，折粮比例为5∶1。下同)，产值 375 元；鲜食秋玉米产量 300 千克，产值 450 元。原种植模式小麦/春玉米/甘薯 1 年三熟，粮食产量 796 千克，产值 1297 元(其中小麦产量 220 千克，产值 286 元；春玉米产量 390 千克，产值 546 元；甘薯产量 186 千克，产值 465 元。下同)。模式一比原种植模式粮食产量减少 416 千克，减幅 52.3%；产值增加 1126 元，增幅 86.8%。该模式适宜在城市近郊和交通便利的地方采用。

2. 作物配置及茬口衔接

一般采用“双三〇”。小春 2 米开厢，平分两带。小麦播幅宽 1 米，预留行宽 1 米。播种期上年 10 月下旬至 11 月初，每带播幅种植 6 行，每 667 平方米种植 15000 窝，窝距 0.13 米，当年 5 月上、中旬收获。春菜种植在预留行内，播种期为上年 10 月上、中旬，每带种植 3 行，当年 2 月下旬收获。鲜食春玉米种植在已收获的春菜播幅内，播种期 2 月上旬，盖膜肥团育苗，苗龄一般 25 天左右(幼苗 2～2.5 叶)，移栽期 2 月下旬至 3 月上旬，双行种植，大田覆盖秸秆或地膜，每 667 平方米种植 3500 株，单株株距 0.19 米，6 月上、中旬收获。甘薯种植在已收获的小麦播幅内，育苗期 3 月下旬至 4 月上旬，栽插期 5 月下旬至 6 月上旬，每带播幅做两条垄，每条垄上栽插 1 行，每 667 平方米种植 4000 窝，窝距 0.16 米，10 月中、下旬收获。鲜食秋玉米种植在已收获的鲜食春玉米播幅内，播种期 5 月下旬至 6 月上旬，于鲜食春玉米收获前 10 天育苗，苗龄 10 天左右，待鲜食春玉米收获后，及时移栽幼苗(鲜食秋玉米也可直播)，双行种植，每 667 平方米种植 4000 株，单株株距 0.16 米，8 月下旬至 9 月上旬收获。

3. 技术流程

主要环节：春菜播种—小麦播种前准备—小麦规范播

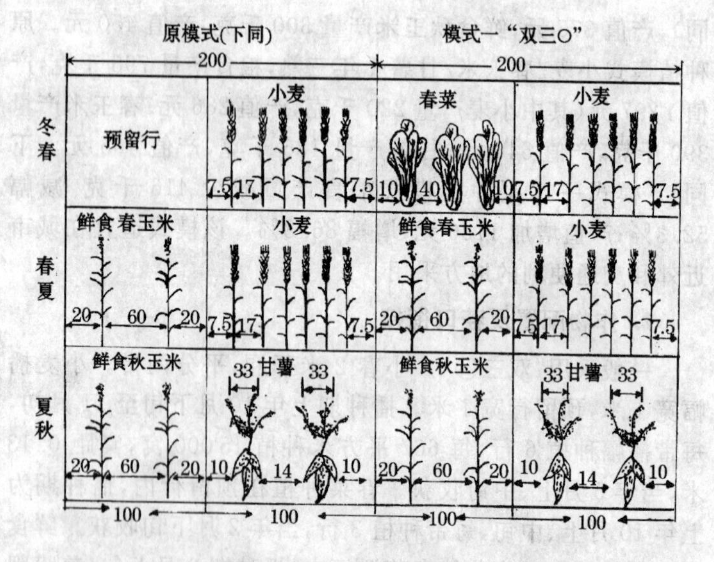

种植模式一示意图 (单位:厘米)

种—春菜田间管理—小麦田间管理—鲜食春玉米盖膜育苗—春菜收获—鲜食春玉米移栽(大田覆盖秸秆或地膜)—小麦防治病虫害—甘薯育苗—鲜食春玉米肥水管理—小麦收获—鲜食春玉米追肥、治虫—甘薯栽插—鲜食秋玉米育苗—鲜食春玉米收获—鲜食秋玉米移栽(或直播)—鲜食秋玉米追肥、治虫—甘薯田间管理—鲜食秋玉米收获—甘薯收获。

4. 栽培技术要点

详见本书第一章种植新技术中蔬菜、小麦、玉米、甘薯的栽培技术。

模式二(春马铃薯‖春菜/早春玉米/大豆/秋玉米)

1. 产量(值)指标

1年五熟,3经2粮。全年每667平方米粮食产量750千克,产值1900元。其中春马铃薯产量720千克,产值360元;春菜产量350千克,产值280元;早春玉米产量440千克,产值616元;大豆产量60千克,产值210元;秋玉米产量310千克,产值434元。原种植模式小麦/春玉米/甘薯1年三熟,粮食产量796千克,产值1297元。模式二比原种植模式粮食产量减少46千克,减幅5.8%;产值增加603元,增幅46.5%。该模式在保持粮食产量基本稳定的前提下,增加了经济收入。此外,种植大豆和蔬菜等养地和兼养地作物,可以增加土壤养分,提高土地肥力。

2. 作物配置及茬口衔接

一般采用“双二五”。小春1.66米开厢,平分两带。春马铃薯播幅宽0.83米,预留行宽0.83米。栽播期1月上、中旬,双行种植,每667平方米种植3500窝,窝距0.23米,5月上、中旬收获。春菜种植在预留行内,播种期为上年10月上、中旬,双行种植,当年2月下旬收获。早春玉米种植在已收获的春菜播幅内,播种期2月上、中旬,盖膜肥团育苗,苗龄一般25天左右(幼苗2～2.5叶),移栽期2月下旬至3月上旬,双行种植,大田覆盖秸秆或地膜,每667平方米种植3500株,单株株距0.23米,7月上、中旬收获。大豆种植在已收获的春马铃薯播幅内,播种期5月中、下旬,双行种植,每667平方米种植3500窝,窝距0.22米,每窝成苗2～3株,10月上、中旬收获。秋玉米种植在已收获的早春玉米播幅内，播种期7月上、中旬，于早春玉米收获前10天肥团育苗，苗龄10天左右（幼苗3叶），待早春玉米收获后及时移栽幼苗（秋玉米也可以于早春玉米收获后直播），双行种植，每667平方米种植3500～4000株，单株株距0.2～0.23米，10月中、下旬收获。

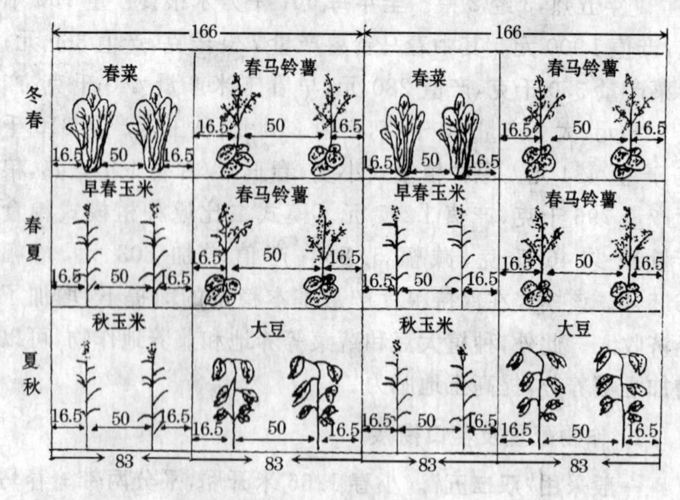

种植模式二示意图 （单位：厘米）

3. 技术流程

主要环节：春菜播种—春马铃薯播前准备—春菜田间管理—春马铃薯规范播种—早春玉米盖膜育苗—春菜收获—早春玉米移栽（大田覆盖秸秆或地膜）—春马铃薯田间管理—早春玉米肥水管理—春马铃薯收获—大豆播种—早春玉米追肥、治虫—秋玉米育苗—早春玉米收获—秋玉米移栽（或直播）—秋玉米追肥、治虫—秋玉米收获—大豆收获。

4. 栽培技术要点

详见本书第一章种植新技术中蔬菜、马铃薯、玉米、大豆的栽培技术。

模式三(小麦‖春菜/早春玉米/秋玉米/秋马铃薯)

1. 产量(值)指标

1年五熟,2经3粮。全年每667平方米粮食产量980千克,产值1823元。其中小麦产量230千克,产值299元;春菜产量280千克,产值224元;早春玉米产量450千克,产值630元;秋玉米产量300千克,产值420元;秋马铃薯产量500千克(单价0.5元/千克。下同),产值250元。原种植模式小麦/春玉米/甘薯1年三熟,粮食产量796千克,产值1297元。模式三比原种植模式粮食产量增加184千克,增幅23.1%;产值增加526元,增幅40.6%。该模式可获得钱、粮双丰收。

2. 作物配置及茬口衔接

一般采用“双二五”。小春1.66米开厢,平分两带。小麦播幅宽0.83米,预留行宽0.83米。播种期为上年10月下旬至11月上旬,每带播幅种植5行,每667平方米种植15000窝,窝距0.13米,当年5月上、中旬收获。春菜种植在预留行内,播种期为上年10月上、中旬,双行种植,当年2月下旬收获。早春玉米种植在已收获的春菜播幅内,播种期2月上、中旬,盖膜肥团育苗,苗龄一般25天左右(幼苗2～2.5叶),移栽期2月下旬至3月上旬,双行种植,大田覆盖秸秆或地膜,每667平方米种植3500株,单株株距0.23米,7月上、中旬收获。秋玉米种植在已收获的小麦播幅内,播种期6月中、下旬，于早春玉米收获前 20 天肥团育苗，苗龄 10 天左右，6 月下旬至 7 月上旬移栽(也可直播)，双行种植，每 667 平方米种植 3500～4000 株，单株株距 0.2～0.23 米，与早春玉米共生期 10 天左右，9 月下旬至 10 月上旬收获。秋马铃薯种植在已收获的早春玉米播幅内，播种期 8 月下旬，双行种植，每 667 平方米种植 4000 窝，窝距 0.2 米，10 月底至 11 月初收获。

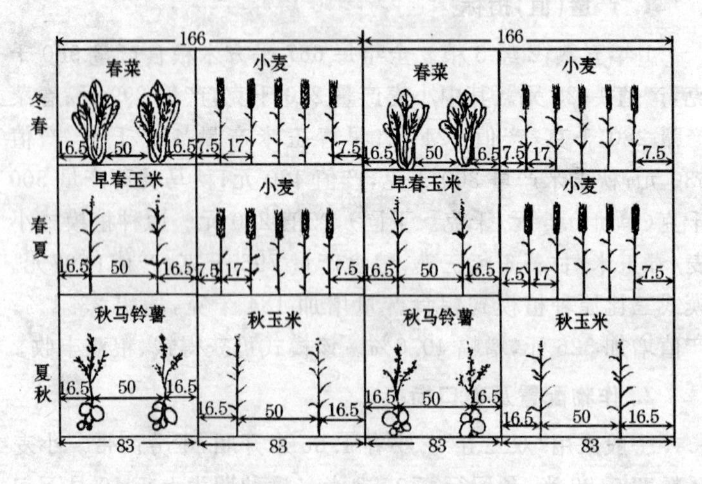

种植模式三示意图 （单位：厘米）

3. 技术流程

主要环节：春菜播种—小麦规范播种—春菜田间管理—小麦田间管理—早春玉米盖膜育苗—春菜收获—早春玉米移栽(大田覆盖秸秆或地膜)—小麦防治病虫害—早春玉米肥水管理—小麦收获—早春玉米追肥、治虫—秋玉米育苗、移栽(或直播)—早春玉米收获—秋玉米追肥、治虫—秋马铃薯播种前准备—秋马铃薯播种—秋玉米收获—秋马铃薯田间管理—秋马铃薯收获。

4. 栽培技术要点

详见本书第一章种植新技术中蔬菜、小麦、玉米、马铃薯的栽培技术。

模式四(小麦‖春菜/鲜食春玉米/甘薯/秋玉米)

1. 产量(值)指标

1年五熟,2经3粮。全年每667平方米粮食产量710千克,产值2434元。其中小麦产量240千克,产值312元;春菜产量280千克,产值224元;鲜食春玉米产量430千克,产值1075元;甘薯产量150千克,产值375元;秋玉米产量320千克,产值448元。原种植模式小麦/春玉米/甘薯1年三熟,粮食产量796千克,产值1297元。模式四比原种植模式粮食产量减少86千克,减幅10.8%;产值增加1137元,增幅87.7%。该模式在基本稳定粮食产量的前提下,可大幅度增加经济收入。同时,鲜食春玉米对市场需求有较大的适应性,当市场供小于求、价格较高时,及时收获上市作为蔬菜用;当市场呈饱和趋势、价格较低时,可推迟到籽粒成熟收获,作为粮(饲)用。

2. 作物配置及茬口衔接

一般采用"双三〇"。小春2米开厢,平分两带。小麦播幅宽1米,预留行宽1米。播种期为上年10月下旬至11月初,每带播幅种植6行,每667平方米种植15000窝,窝距0.13米,当年5月上、中旬收获。春菜种植在预留行内,播种期为上年10月上、中旬,每带种植3行,当年2月下旬收获。

鲜食春玉米种植在已收获的春菜播幅内，播种期 2 月上旬，盖膜肥团育苗，苗龄一般 25 天左右（幼苗 2～2.5 叶），移栽期 2 月下旬至 3 月上旬，双行种植，大田覆盖秸秆或地膜，每 667 平方米种植 3 500 株，单株株距 0.19 米，6 月上、中旬收获。甘薯种植在已收获的小麦播幅内，育苗期 3 月下旬至 4 月上旬，栽插期 5 月下旬至 6 月上旬，每带播幅做两条垄，每条垄上栽插 1 行，每 667 平方米种植 4 000 窝，窝距 0.16 米，10 月中、下旬收获。秋玉米种植在已收获的鲜食春玉米播幅内，播种期 5 月下旬至 6 月上旬，于鲜食春玉米收获前 10 天育苗，苗龄 10 天左右，待鲜食春玉米收获后，及时移栽幼苗（秋玉米也可以直播），双行种植，每 667 平方米种植 4 000 株，单株株距 0.16 米，9 月下旬至 10 月上旬收获。

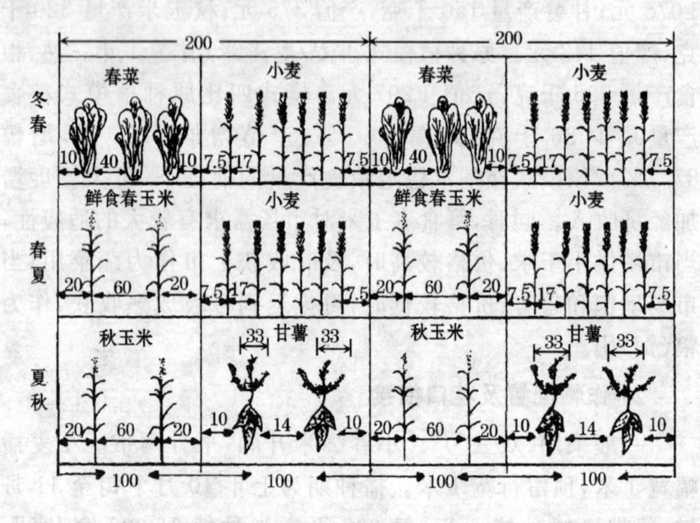

种植模式四示意图　（单位：厘米）

3. 技术流程

主要环节:春菜播种—小麦规范播种—春菜田间管理—小麦田间管理—鲜食春玉米盖膜育苗—春菜收获—鲜食春玉米移栽(大田覆盖秸秆或地膜)—小麦防治病虫害—甘薯育苗—鲜食春玉米肥水管理—小麦收获—鲜食春玉米追肥、治虫—甘薯栽插—秋玉米育苗—鲜食春玉米收获—秋玉米移栽(或直播)—秋玉米追肥、治虫—甘薯田间管理—秋玉米收获—甘薯收获。

4. 栽培技术要点

详见本书第一章种植新技术中蔬菜、小麦、玉米、甘薯的栽培技术。

模式五(小麦‖春菜/西瓜/夏玉米/秋甘薯)

1. 产量(值)指标

1年五熟,2经3粮。全年每667平方米粮食产量720千克,产值3023元。其中小麦产量260千克,产值338元;春菜产量250千克,产值200元;西瓜产量2800千克(单价0.6元/千克),产值1680元;夏玉米产量300千克,产值420元;秋甘薯产量160千克,产值400元。原种植模式小麦/春玉米/甘薯1年三熟,粮食产量796千克,产值1297元。模式五比原种植模式粮食产量减少76千克,减幅9.6%;产值增加1741元,增幅134.2%。该模式在稳定粮食产量的前提下,能大幅度提高经济收入,可以根据市场需求,进一步推广应用。

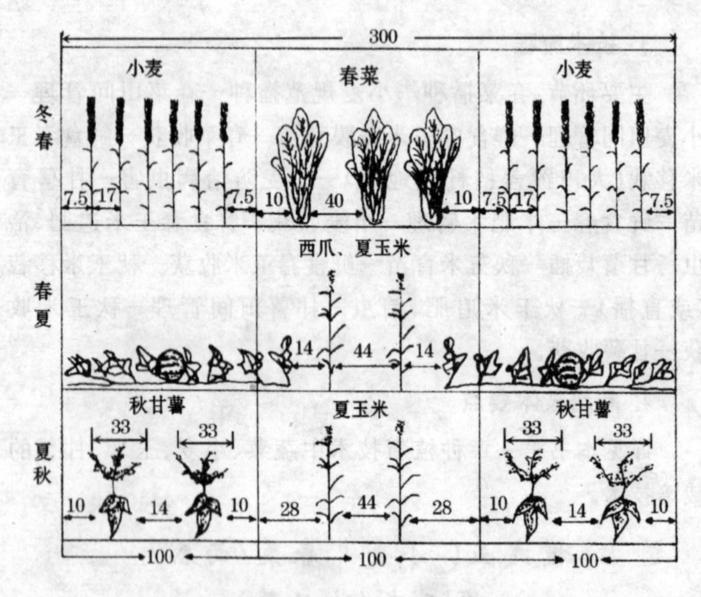

种植模式五示意图 （单位:厘米）

2. 作物配置及茬口衔接

一般采用宽厢种植。小春 3 米开厢，分三带，每带播幅宽均为 1 米，第一、第三带种植小麦，第二带（中间带）为预留行。春菜种植在预留行内，播种期为上年 10 月上、中旬，种植 3 行，当年 3 月下旬收获。小麦播种期为上年 10 月下旬至 11 月初，每带播幅种植 6 行，每 667 平方米种植 20 000 窝，窝距 0.13 米，当年 5 月上、中旬收获。西瓜种植在已收获的春菜播幅内，育苗期 3 月上旬，苗龄 25 天左右，栽植期 4 月上、中旬（3 片真叶展开时），双行错窝栽植，每 667 平方米栽植 500～600 窝（株），窝距 0.7～0.83 米，6 月下旬至 7 月上旬收获。夏玉米种植在两行西瓜内侧，播种期 5 月中、下旬，肥团育苗，移栽期 5 月下旬至 6 月上旬（苗龄 10 天左右，也可以直播)，双行种植，每667平方米种植2000～2200株，单株株距0.2～0.22米，9月上、中旬收获。秋甘薯种植在已收获的西瓜播幅内(即第一、第三带)，育苗期在5月上、中旬，栽插期7月上、中旬，每带播幅内做两条垄，每垄栽1行，每667平方米栽插5500窝，窝距0.16米，10月下旬至11月初收获。

3. 技术流程

主要环节：春菜播种—小麦规范播种—春菜田间管理—小麦田间管理—西瓜育苗—小麦防治病虫害—春菜收获—西瓜栽植—西瓜前期田间管理—小麦收获—秋甘薯育苗—夏玉米育苗、移栽(或直播)—西瓜中、后期田间管理—夏玉米肥水管理—西瓜收获—秋甘薯栽插—夏玉米追肥、治虫—秋甘薯田间管理—夏玉米收获—秋甘薯收获。

4. 栽培技术要点

详见本书第一章种植新技术中蔬菜、小麦、西瓜、甘薯、秋玉米(夏玉米栽培可参照秋玉米栽培技术)的栽培技术。

模式六(小麦‖春菜/早春玉米/甘薯/秋菜)

1. 产量(值)指标

1年五熟，2经3粮。全年每667平方米粮食产量840千克，产值1825元。其中小麦产量230千克，产值299元；春菜产量300千克，产值240元；早春玉米产量450千克，产值630元；甘薯产量160千克，产值400元；秋菜产量320千克，产值256元。原种植模式小麦/春玉米/甘薯1年三熟，粮食产量796千克，产值1297元。模式六比原种植模式粮食产量增加 44 千克，增幅 5.5%；产值增加 528 元，增幅40.7%。该模式可获得粮、钱双丰收。

2. 作物配置及茬口衔接

一般采用"双三〇"。小春 2 米开厢，平分两带。播幅宽 1 米，预留行宽 1 米。播种期为上年 10 月下旬至 11 月初，每带播幅种植 6 行，每 667 平方米种植 15000 窝，窝距 0.13 米，当年 5 月上、中旬收获。春菜种植在预留行内，播种期为上年 10 月上、中旬，每带种植 3 行，当年 2 月下旬至 3 月初收获。早春玉米种植在已收获的春菜播幅内，播种期 2 月上、中旬，盖膜肥团育苗，苗龄 25 天左右(幼苗 2～2.5 叶)，移栽期 2 月底至 3 月初，双行种植，大田覆盖秸秆或地膜，每 667 平方米种植 3500 株，单株株距 0.19 米，7 月上、中旬收获。甘薯种植在已收获的小麦播幅内，育苗期 3 月下旬至 4 月上旬，栽插期 5 月下旬至 6 月上旬，每带播幅做两条垄，每条垄上栽插 1 行，每 667 平方米栽插 4000 窝，窝距 0.16 米，10 月中、下旬收获。秋菜种植在已收获的早春玉米播幅内，种植期 7 月中、下旬，每带种植 3 行，10 月上、中旬收获。

3. 技术流程

主要环节：春菜播种—小麦规范播种—春菜田间管理—小麦田间管理—早春玉米盖膜育苗—春菜收获—早春玉米移栽(大田覆盖秸秆或地膜)—小麦防治病虫害—甘薯育苗—早春玉米肥水管理—小麦收获—早春玉米追肥、治虫—甘薯栽插—秋菜育苗—早春玉米收获—秋菜栽植—甘薯田间管理—秋菜田间管理—秋菜收获—甘薯收获。

4. 栽培技术要点

详见本书第一章种植新技术中蔬菜、小麦、玉米、甘薯的栽培技术。

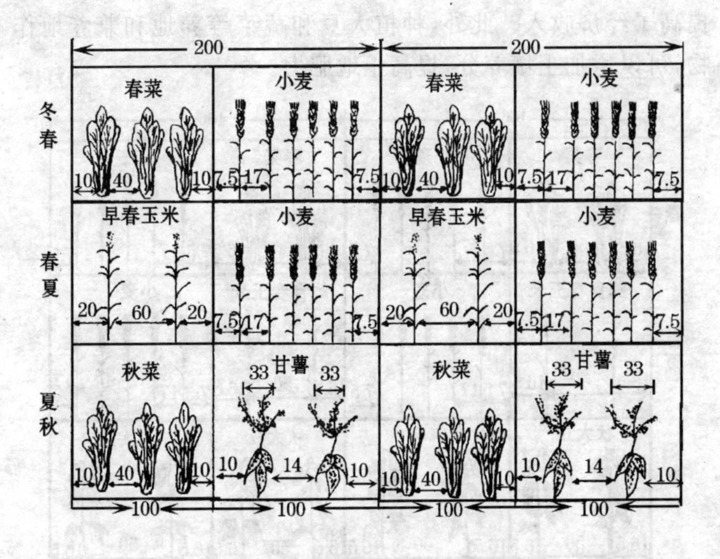

种植模式六示意图 (单位:厘米)

模式七(小麦‖春菜/鲜食春玉米/夏大豆/秋大豆)

1. 产量(值)指标

1年五熟,4经1粮。全年每667平方米粮食产量190千克,产值2032元。其中小麦产量190千克,产值247元;春菜产量300千克,产值240元;鲜食春玉米产量450千克,产值1125元;夏大豆产量70千克,产值245元;秋大豆产量50千克,产值175元。原种植模式小麦/春玉米/甘薯1年三熟,粮食产量796千克,产值1297元。模式七比原种植模式粮食产量减少606千克,减幅76.1%;产值增加735元,增幅

56.7%。该模式减少了粮食作物,增加了经济价值高的作物,提高了经济收入。此外,种植大豆和蔬菜等养地和兼养地作物,可以增加土壤养分,提高土地肥力。

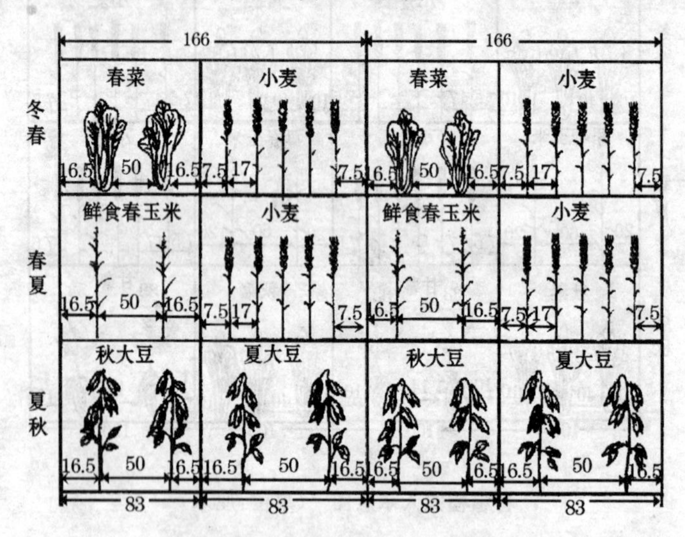

种植模式七示意图 (单位:厘米)

2. 作物配置及茬口衔接

一般采用“双二五”。小春1.66米开厢,平分两带。小麦播幅宽0.83米,预留行宽0.83米。播种期为上年10月底至11月初,每带播幅种植5行,每667平方米种植15 000窝,窝距0.13米,当年5月上、中旬收获。春菜种植在预留行内,播种期为上年10月上、中旬,双行种植,当年2月下旬收获。鲜食春玉米种植在已收获的春菜播幅内,播种期2月上、中旬,盖膜肥团育苗,苗龄一般25天左右(幼苗2~2.5叶),移栽期2月下旬至3月上旬,双行种植,大田覆盖秸秆或地膜,每667平方米种植3 500株,单株株距0.23米,6月上、中旬收获。

夏大豆种植在已收获的小麦播幅内，播种期5月中、下旬，双行种植，每667平方米种植3500窝，窝距0.22米，每窝成苗2～3株，10月上、中旬收获。秋大豆种植在已收获的鲜食春玉米播幅内，播种期6月中、下旬，双行种植，每667平方米种植3000窝，窝距0.27米，每窝成苗2～3株，10月下旬收获。

3. 技术流程

主要环节：春菜播种—小麦规范播种—春菜田间管理—小麦田间管理—鲜食春玉米盖膜育苗—春菜收获—鲜食春玉米移栽(大田覆盖秸秆或地膜)—小麦防治病虫害—鲜食春玉米肥水管理—小麦收获—鲜食春玉米追肥、治虫—夏大豆播种—鲜食春玉米收获—夏大豆治虫—秋大豆播种—秋大豆治虫—夏大豆收获—秋大豆收获。

4. 栽培技术要点

详见本书第一章种植新技术中蔬菜、小麦、玉米、大豆的栽培技术。

模式八(小麦‖春菜/西瓜/秋玉米)

1. 产量(值)指标

1年四熟，2经2粮。全年每667平方米粮食产量590千克，产值2671元。其中小麦产量270千克，产值351元；春菜产量240千克，产值192元；西瓜产量2800千克(单价0.6元/千克)，产值1680元；秋玉米产量320千克，产值448元。原种植模式小麦/春玉米/甘薯1年三熟，每667平方米粮食产量796千克，产值1297元。模式八比原种植模式粮食产量减少206千克，减幅25.9%；产值增加1374元，增幅105.9%。该模式粮食减少约1/4，经济收入提高1倍多。可以根据市场需求，进一步推广应用。

2. 作物配置及茬口衔接

一般采用宽厢种植。小春 3 米开厢，分三带，每带播幅宽 1 米，第一、第三带种植小麦，第二带（中间带）为预留行。春菜种植在预留行内，播种期为上年 10 月上、中旬，种植 3 行，当年 3 月下旬收获。小麦播种期为上年 10 月下旬至 11 月上旬，每带播幅种植 6 行，每 667 平方米种植 20 000 窝，窝距 0.13米，当年 5 月上、中旬收获。西瓜种植在已收获的春菜播幅内，播种（育苗）期 3 月上、中旬，移栽期 4 月上、中旬，苗龄 25 天左右（3 片真叶），双行错窝栽植，每 667 平方米栽植 500～600 窝（株），窝距 0.7～0.83 米，6 月下旬至 7 月上旬收获。秋玉米种植在西瓜收获后的空地内，育苗期 6 月中、下旬，苗龄 10 天左右（幼苗 3 叶），待西瓜收获完毕后及时移栽（也可直播），第一、第三带每带种植 2 行，第二带每带种植 1 行，每 667 平方米种植 4 100 株，单株株距 0.27 米，10 月中、下旬收获。

3. 技术流程

主要环节：春菜播种—小麦规范播种—春菜田间管理—小麦田间管理—西瓜育苗—小麦防治病虫害—春菜收获—西瓜栽植—西瓜前期田间管理—小麦收获—西瓜中、后期田间管理—秋玉米育苗—西瓜收获—秋玉米移栽（或直播）—秋玉米追肥、治虫—秋玉米收获。

4. 栽培技术要点

详见本书第一章种植新技术中蔬菜、小麦、西瓜、秋玉米的栽培技术。

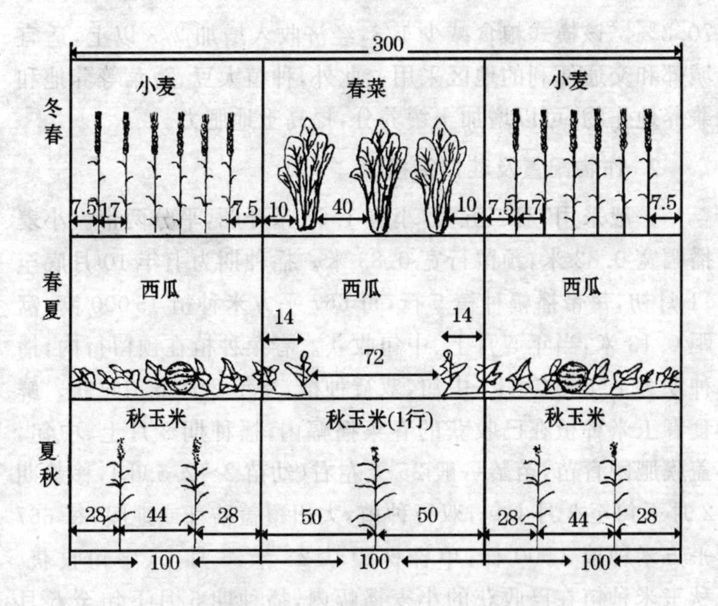

种植模式八示意图　（单位:厘米）

模式九(小麦‖春菜/鲜食春玉米/秋玉米/秋大豆)

1. 产量(值)指标

1年五熟,3经2粮。全年每667平方米粮食产量530千克,产值2209元。其中小麦产量230千克,产值299元;春菜产量300千克,产值240元;鲜食春玉米产量430千克,产值1075元;秋玉米产量300千克,产值420元;秋大豆产量50千克,产值175元。原种植模式小麦/春玉米/甘薯1年三熟,粮食产量796千克,产值1297元。模式九比原种植模式粮食产量减少266千克,减幅33.4%;产值增加912元,增幅

70.3%。该模式粮食减少1/3,经济收入增加2/3以上,适宜城郊和交通便利的地区采用。此外,种植大豆、蔬菜等养地和兼养地作物,可以增加土壤养分,提高土地肥力。

2. 作物配置及茬口衔接

一般采用"双二五"。小春1.66米开厢,平分两带。小麦播幅宽0.83米,预留行宽0.83米。播种期为上年10月底至11月初,每带播幅种植5行,每667平方米种植15000窝,窝距0.13米,当年5月上、中旬收获。春菜种植在预留行内,播种期为上年10月上、中旬,双行种植,当年2月下旬收获。鲜食春玉米种植在已收获的春菜播幅内,播种期2月上、中旬,盖膜肥团育苗,苗龄一般25天左右(幼苗2～2.5叶),移栽期2月下旬至3月上旬,双行种植,大田覆盖秸秆或地膜,每667平方米种植3500株,单株株距0.23米,6月上、中旬收获。秋玉米种植在已收获的小麦播幅内,播种期5月下旬至6月上旬,于鲜食春玉米收获前10天肥团育苗,苗龄10天左右(幼苗3叶),鲜食春玉米收获后移栽(也可以直播),双行种植,每667平方米种植3500～4000株,单株株距0.2～0.23米,9月中、下旬收获。秋大豆种植在已收获的鲜食春玉米播幅内,播种期6月中、下旬,双行种植,每667平方米种植3500窝,窝距0.22米,每窝成苗2～3株,10月中、下旬收获。

3. 技术流程

主要环节:春菜播种—小麦规范播种—春菜田间管理—小麦田间管理—鲜食春玉米盖膜育苗—春菜收获—鲜食春玉米移栽(大田覆盖秸秆或地膜)—小麦防治病虫害—鲜食春玉米肥水管理—小麦收获—鲜食春玉米追肥、治虫—秋玉米育苗—鲜食春玉米收获—秋玉米移栽(也可以直播)—秋大豆播

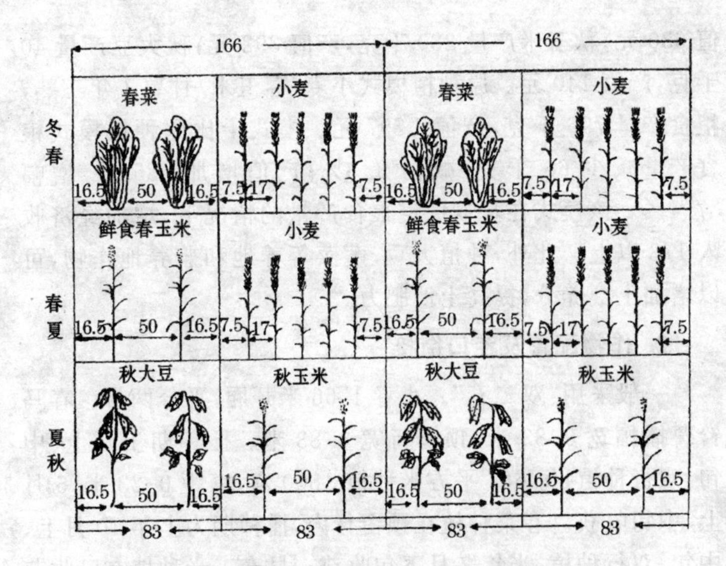

种植模式九示意图 （单位：厘米）

种—秋玉米追肥、治虫—秋玉米收获—秋大豆收获。

4. 栽培技术要点

详见本书第一章种植新技术中蔬菜、小麦、玉米、大豆的栽培技术。

模式十（春马铃薯‖春菜/早春玉米/秋玉米/秋大豆）

1. 产量(值)指标

1 年五熟，3 经 2 粮。全年每 667 平方米粮食产量 730 千克，产值 1 782 元。其中春马铃薯产量 600 千克，产值 300 元；春菜产量 400 千克，产值 320 元；早春玉米产量 450 千克，产值 630 元；秋玉米产量 280 千克，产值 392 元；秋大豆产量 40 千克，产值 140 元。原种植模式小麦/春玉米/甘薯 1 年三熟，粮食产量 796 千克，产值 1 297 元。模式十比原种植模式粮食产量减少 66 千克，减幅 8.3%；产值增加 485 元，增幅 37.4%。该模式在基本稳定粮食产量的情况下，增加经济收入 1/3 以上。此外，种植大豆、蔬菜等养地和兼养地作物，可以增加土壤养分，提高土地肥力。

2. 作物配置及茬口衔接

一般采用“双二五”。小春 1.66 米开厢，平分两带。春马铃薯播幅宽 0.83 米，预留行宽 0.83 米。播种期 1 月上、中旬，双行种植，每 667 平方米种植 3 500 窝，窝距 0.23 米，5 月上、中旬收获。春菜种植在预留行内，播种期为上年 10 月上、中旬，双行种植，当年 2 月下旬收获。早春玉米种植在已收获的春菜播幅内，播种期 2 月上、中旬，盖膜肥团育苗，苗龄一般 25 天左右(幼苗 2～2.5 叶)，移栽期 2 月下旬至 3 月上旬，双行种植，大田覆盖秸秆或地膜，每 667 平方米种植 3 500 株，单株株距 0.23 米，7 月上、中旬收获。秋玉米种植在已收获的春马铃薯播幅内，播种期 6 月下旬至 7 月上旬，于早春玉米收获前 10 天肥团育苗，苗龄 10 天左右(也可以直播)，双行种植，每 667 平方米种植 3 500～4 000 株，单株株距 0.2～0.23 米，10 月上、中旬收获。秋大豆种植在早春玉米播幅内，播种期 6 月下旬至 7 月上旬，在早春玉米收获前10～15 天套种在早春玉米株间，双行种植，每 667 平方米种植3 500窝，窝距 0.22米，每窝成苗 2～3 株，10 月中、下旬收获。

3. 技术流程

主要环节：春菜播种—春菜田间管理—春马铃薯栽播—

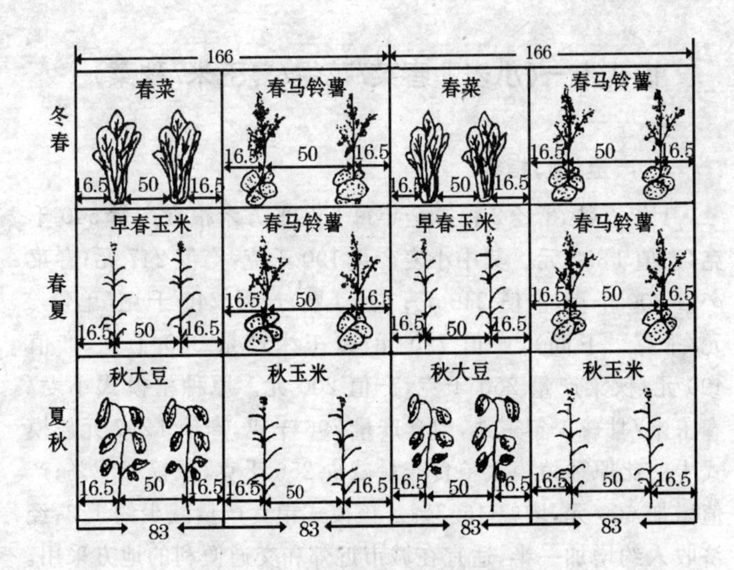

种植模式十示意图 （单位：厘米）

春马铃薯苗期管理—早春玉米播种（盖膜育苗）—春菜收获—早春玉米移栽（大田覆盖秸秆或地膜）—春马铃薯田间管理—早春玉米肥水管理—春马铃薯收获—早春玉米追肥、治虫—秋玉米肥团育苗—秋大豆播种—早春玉米收获—秋玉米移栽（或直播）—秋玉米追肥、治虫—秋玉米收获—秋大豆收获。

4. 栽培技术要点

详见本书第一章种植新技术中蔬菜、马铃薯、玉米、大豆的栽培技术。

模式十一（小麦‖春菜/花生/夏玉米/秋菜）

1. 产量（值）指标

1年五熟，3经2粮。全年每667平方米粮食产量540千克，产值1897元。其中小麦产量190千克，产值247元；春菜产量300千克，产值240元；花生（果）产量240千克（单价3元/千克。下同），产值720元；夏玉米产量350千克，产值490元；秋菜产量250千克，产值200元。原种植模式小麦/春玉米/甘薯1年三熟，粮食产量796千克，产值1297元。模式十一比原种植模式粮食产量减少256千克，减幅32.2%；产值增加600元，增幅46.3%。该模式粮食产量减少约1/3，经济收入约增加一半，适宜在城市近郊和交通便利的地方采用。此外，种植花生、蔬菜等养地和兼养地作物，可以增加土壤养分，提高土地肥力。

2. 作物配置及茬口衔接

一般采用"双二五"。小春1.66米开厢，平分两带。小麦播幅宽0.83米，预留行宽0.83米。播种期为上年10月下旬至11月上旬，每带播幅种植5行，每667平方米种植15000窝，窝距0.13米，当年5月上、中旬收获。春菜种植在预留行内，播种期为上年10月上、中旬，双行种植，当年3月下旬至4月上旬收获。花生种植在已收获的春菜播幅内，播种期4月上、中旬（小麦收获前25～30天），双行种植，每667平方米种植4000～5000窝，窝距0.16～0.2米，每窝播2粒种子，7月下旬至8月上旬收获。夏玉米种植在已收获的小麦播幅内，播种期5月上、中旬，肥团育苗，苗龄10天左右（幼苗3

叶)移栽(也可以直播),双行种植,每 667 平方米种植3000株,单株株距 0.26 米,8 月中、下旬收获。秋菜种植在已收获的花生播幅内,种植期 7 月下旬至 8 月初,双行种植,10 月中、下旬收获。

3. 技术流程

主要环节:春菜播种—小麦规范播种—春菜田间管理—小麦田间管理—春菜收获—小麦防治病虫害—花生播种—夏玉米育苗—小麦收获—夏玉米移栽(或直播)—花生田间管理—夏玉米追肥、治虫—秋菜育苗—花生收获—秋菜栽植—秋菜管理—夏玉米收获—秋菜收获。

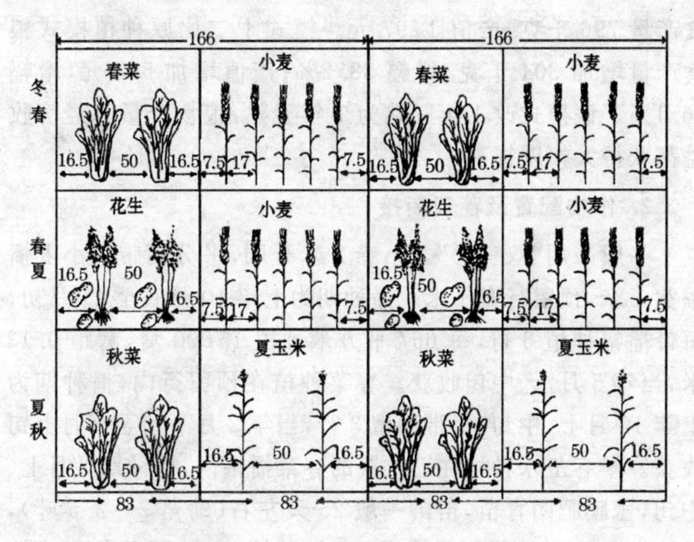

种植模式十一示意图 (单位:厘米)

4. 栽培技术要点

详见本书第一章种植新技术中蔬菜、小麦、花生、秋玉米

(夏玉米栽培可参照秋玉米栽培技术)的栽培技术。

模式十二(小麦‖春菜/早春玉米/甘薯/秋玉米)

1. 产量(值)指标

1年五熟,1经4粮。全年每667平方米粮食产量1100千克,产值1895元。其中小麦产量230千克,产值299元;春菜产量280千克,产值224元;早春玉米产量440千克,产值616元;甘薯产量140千克,产值350元;秋玉米产量290千克,产值406元。原种植模式小麦/春玉米/甘薯1年三熟,粮食产量796千克,产值1297元。模式十二比原种植模式粮食产量增加304千克,增幅38.2%;产值增加598元,增幅46.1%。该模式改1年三熟为1年五熟,粮食产量和经济收益都获得大幅度提高。

2. 作物配置及茬口衔接

一般采用"双三〇"。小春2米开厢,平分两带。小麦播幅宽1米,预留行宽1米。播种期为上年10月底至11月初,每带播幅种植6行,每667平方米种植15000窝,窝距0.13米,当年5月上、中旬收获。春菜种植在预留行内,播种期为上年10月上、中旬,每带种植3行,当年2月下旬至3月上旬收获。早春玉米种植在已收获的春菜播幅内,播种期2月上、中旬,盖膜肥团育苗,苗龄一般25天左右(幼苗2～2.5叶),移栽期2月下旬至3月上旬,双行种植,大田覆盖秸秆或地膜,每667平方米种植3500株,单株株距0.19米,7月上、中旬收获。甘薯种植在已收获的小麦播幅内,育苗期3月下旬至4月上旬,栽插期5月下旬至6月上旬,每带播幅做两条垄，每条垄上栽插1行，每667平方米种植4000窝，窝距0.16米，10月中、下旬收获。秋玉米种植在已收获的早春玉米播幅内，育苗期在早春玉米收获前10天（6月下旬至7月上旬），苗龄10天左右（幼苗3叶），待早春玉米收获后，及时移栽幼苗（也可以直播），双行种植，每667平方米种植4000株，单株株距0.16米，10月中、下旬收获。

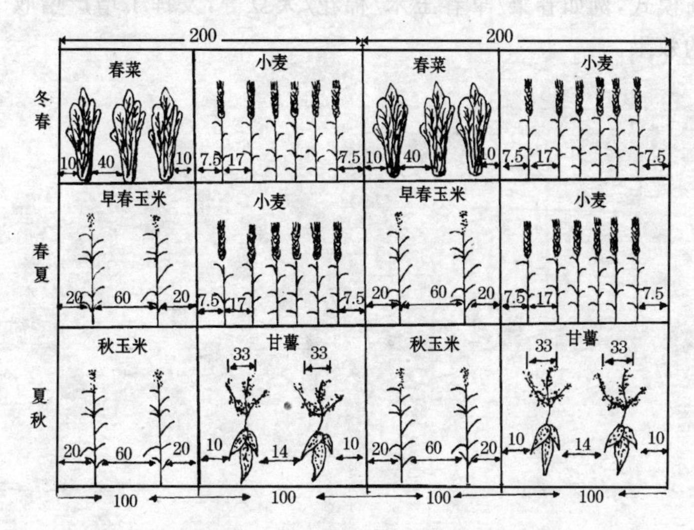

种植模式十二示意图　（单位：厘米）

3. 技术流程

主要环节：春菜播种—小麦规范播种—春菜田间管理—小麦田间管理—早春玉米播种（盖膜育苗）—春菜收获—早春玉米移栽（大田覆盖秸秆或地膜）—小麦防治病虫害—甘薯育苗—早春玉米肥水管理—小麦收获—早春玉米追肥、治虫—甘薯栽插—秋玉米育苗—早春玉米收获—秋玉米移栽（或直播）—秋玉米追肥、治虫—甘薯田间管理—秋玉米收获—甘薯收获。

4. 栽培技术要点

详见本书第一章种植新技术中蔬菜、小麦、玉米、甘薯的栽培技术。

此外，在生产实践中，各地还因地制宜地应用和改进多种新模式，例如春菜/早春玉米/棉花/大豆等，发挥了增产增收的效果。

第四章 果(桑)园玉米种植模式

常见的三种种植模式及栽培技术如下。

模式一[果(桑)树/小麦‖春菜/早春玉米/甘薯/秋大豆]

1. 产量(值)指标

果(桑)树产量未受影响,全年每667平方米增产粮食600千克,增加产值1250元。其中小麦产量200千克,产值260元;春菜产量200千克,产值160元;早春玉米产量250千克,产值350元;甘薯产量150千克,产值375元;秋大豆产量30千克,产值105元。该模式可以实现果(桑)、粮增产增收。此外,种植大豆、蔬菜等养地和兼养地作物,可以增加土壤养分,提高土地肥力。

2. 作物配置及茬口衔接

一般采用3米开厢,果(桑)树株距3米左右,作物与果(桑)树实行间作。作物分带种植,每厢分为三带,每带播幅宽0.83米。第一、第三带为小麦,每带种植4行,小麦外边行距果(桑)树约0.5米。第二带(中间带)为春菜,种植2行,与小麦距离约0.25米,春菜窄行距0.5米。

春菜播种期为上年10月上、中旬,当年2月下旬至3月上旬收获。小麦播种期为上年10月底至11月初,每667平方米种植13700窝,窝距0.13米,当年5月上、中旬收获。早春玉米种植在已收获的春菜播幅内，播种期 2 月上、中旬，盖膜肥团育苗，苗龄一般 25 天左右（幼苗 2～2.5 叶），移栽期 2 月下旬至 3 月上旬，双行种植，地面覆盖秸秆或地膜，每 667 平方米种植 2 400 株，单株株距 0.19 米，7 月上、中旬收获。甘薯种植在已收获的小麦播幅内（第一、第三带），育苗期 3 月下旬至 4 月上旬，栽插期 5 月下旬至 6 月上旬，每带播幅做一条大垄，种植 2 行，窄行距 0.5 米，每 667 平方米种植 5 500 窝，窝距 0.16 米，10 月中、下旬收获。秋大豆种植在早春玉米播幅内，播种期 6 月下旬至 7 月上旬，在早春玉米收获前 10～15 天套种在早春玉米株间，双行种植，每 667 平方米种植 2 000 窝，窝距 0.22 米，每窝成苗 2～3 株，10 月中、下旬收获。

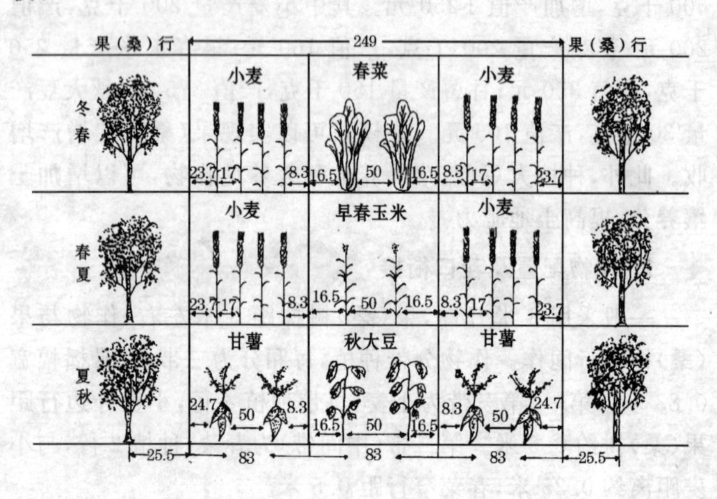

种植模式一示意图 （单位：厘米）

3. 技术流程

主要环节：果（桑）树管理—春菜播种（每厢中间带）—小

麦规范播种(每厢第一、第三带)—春菜田间管理—小麦田间管理—早春玉米盖膜育苗—春菜收获—早春玉米移栽(地上覆盖秸秆或地膜)—小麦防治病虫害—甘薯育苗—早春玉米肥水管理—小麦收获—早春玉米追肥、治虫—甘薯栽插—秋大豆播种—早春玉米收获—甘薯田间管理—秋大豆收获—甘薯收获。

4. 栽培技术要点

详见本书第一章种植新技术中蔬菜、小麦、玉米、甘薯、大豆的栽培技术。

模式二[果(桑)树/春马铃薯‖春菜/花生/秋玉米]

1. 产量(值)指标

果(桑)树产量未受影响,全年每 667 平方米增产粮食 250 千克,增加产值 1 870 元。其中春马铃薯产量 400 千克,产值 200 元;春菜产量 450 千克,产值 360 元;花生果产量 320 千克,产值 960 元;秋玉米产量 250 千克,产值 350 元。此外,种植花生、蔬菜等养地和兼养地作物,可以增加土壤养分,提高土地肥力。

2. 作物配置及茬口衔接

一般采用 3 米开厢,果(桑)树株距 3 米左右,作物与果(桑)树实行间作。作物分带种植,每厢分三带,每带播幅宽 0.83 米。第一、第三带为春菜,每带种植 2 行,春菜边行与果(桑)树距离约为 0.5 米,春菜窄行距 0.5 米。第二带(中间带)为春马铃薯,栽种 2 行,与春菜距离约为 0.25 米,马铃薯窄行距 0.5 米。

春菜播种期为上年 10 月上、中旬，当年 3 月中、下旬收获。种植于中间带的春马铃薯的播种期为 1 月上、中旬，每 667 平方米种植 2 000 窝，窝距 0.22 米，5 月上、中旬收获。花生种植在已收获的春菜播幅内，播种期 3 月中、下旬，每带种植 2 行，窄行距 0.5 米，每 667 平方米种植 5 500 窝，窝距 0.16 米，每窝播 2 粒种子，7 月中、下旬收获。秋玉米种植在已收获的春马铃薯播幅内，播种期 6 月上旬，肥团育苗，苗龄 10 天左右，移栽期 6 月中旬(也可以直播)，双行种植，秋玉米窄行距 0.5 米(秋玉米距花生约 0.25 米)，株距 0.2 米，每窝单株，每 667 平方米种植 2222 株，9 月中、下旬收获。

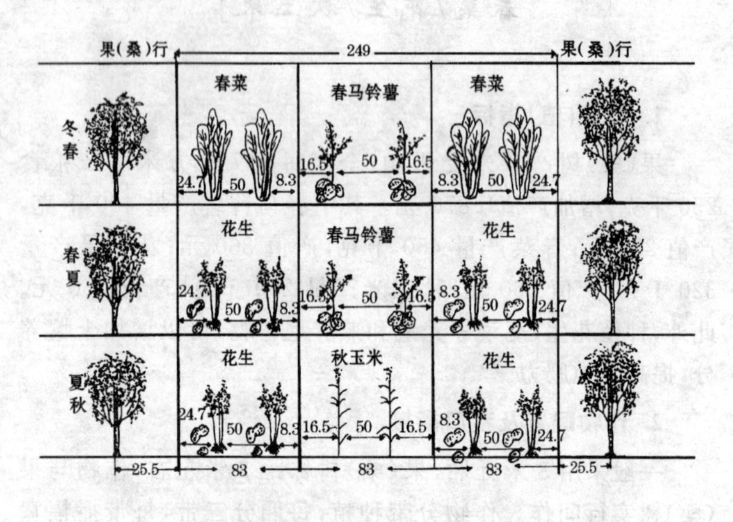

种植模式二示意图 （单位：厘米）

3. 技术流程

主要环节：果(桑)树管理—春菜栽播(每厢第一、第三带)—春菜田间管理—春马铃薯播种(每厢中间带)—春菜收获—春马铃薯田间管理—花生播种—花生田间管理—春马铃薯收获—秋玉米肥团育苗—秋玉米移栽(或直播)—秋玉米追肥、治虫—花生收获—秋玉米收获。

4. 栽培技术要点

详见本书第一章种植新技术中蔬菜、马铃薯、花生、秋玉米的栽培技术。

模式三[果(桑)树/小麦‖春菜/西瓜/秋玉米]

1. 产量(值)指标

果(桑)树产量未受影响,全年每 667 平方米增产粮食 490 千克,增加产值 2627 元。其中小麦产量 190 千克,产值 247 元;春菜产量 200 千克,产值 160 元;西瓜产量 3000 千克(单价 0.6 元/千克),产值 1800 元;秋玉米产量 300 千克,产值 420 元。该模式经济收入高,可以根据市场对西瓜的需求,进一步推广应用。

2. 作物配置及茬口衔接

一般采用 3 米开厢,果(桑)树株距 3 米左右,作物与果(桑)树实行间作。作物分带种植,每厢分三带,每带播幅宽 0.83 米。第一、第三带为小麦,每带种植 4 行,小麦边行距果(桑)树分别约为 0.5 米。第二带(中间带)为春菜,种植 2 行,春菜与小麦距离约为 0.25 米。

春菜播种期为上年 10 月上、中旬,当年 3 月下旬至 4 月上旬收获。小麦播种期为上年 10 月底至 11 月初,每 667 平方米种植13700窝，窝距0.13米，当年5月上、中旬收获。西瓜种植在已收获的春菜播幅内，播种(育苗)期3月上、中旬，苗龄25天左右，栽植期4月上、中旬(3片真叶展开时带土移栽)，双行错窝栽植，每667平方米种植500～600窝(株)，窝距0.7～0.83米，6月下旬至7月上旬收获。秋玉米种植在西瓜收获后的空地内，育苗期在西瓜收获前10天(6月中、下旬)，苗龄10天左右(幼苗3叶)，待西瓜收获完毕，及时移栽(也可以直播)，种植方式第一、第三带每带中间种植1行，第二带种植2行，每667平方米种植3500株，单株株距0.25米，10月上、中旬收获。

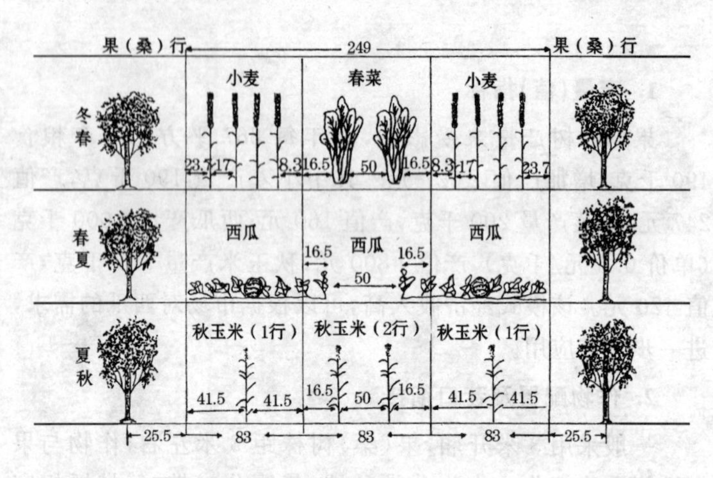

种植模式三示意图 （单位：厘米）

3. 技术流程

主要环节：果(桑)树管理—春菜播种(每厢中间带)—小麦规范播种(每厢第一、第三带)—春菜田间管理—小麦田间管理—西瓜育苗—小麦防治病虫害—春菜收获—西瓜栽植—

西瓜前期田间管理—小麦收获—西瓜中、后期田间管理—秋玉米育苗—西瓜收获—秋玉米移栽(或直播)—秋玉米追肥、治虫—秋玉米收获。

4. 栽培技术要点

详见本书第一章种植新技术中蔬菜、小麦、西瓜、秋玉米的栽培技术。

此外,还有茶树/小麦/早春玉米/秋大豆等种植新模式。

参考文献

1 四川省农业厅粮油生产处,四川省农业技术推广总站．耕地亩产吨粮综合配套技术,1991

2 四川省绵阳市粮油作物站．旱地农业发展之路,2000

3 四川省农业科学院．四川稻作．四川科学技术出版社,1991

4 四川省农业厅,四川省农业技术推广总站．新编农业常用数字手册．四川科学技术出版社,1996

5 中央农业广播电视学校,农业部种植业管理司．种植新技术．中国农业出版社,1998

6 袁继超,王昌全．作物生产新理论与新技术．四川大学出版社,2001

问答　4.50元
小麦植保员培训教材　9.00元
小麦条锈病及其防治　10.00元
小麦病害防治　4.00元
小麦病虫害及防治原色图册　15.00元
麦类作物病虫害诊断与防治原色图谱　20.50元
玉米高粱谷子病虫害诊断与防治原色图谱　21.00元
黑粒高营养小麦种植与加工利用　12.00元
大麦高产栽培　3.00元
荞麦种植与加工　4.00元
谷子优质高产新技术　4.00元
高粱高产栽培技术　3.80元
甜高粱高产栽培与利用　5.00元
小杂粮良种引种指导　10.00元
小麦水稻高粱施肥技术　4.00元
黑豆种植与加工利用　8.50元
大豆农艺工培训教材　9.00元
怎样提高大豆种植效益　8.00元
大豆栽培与病虫害防治（修订版）　6.50元
大豆花生良种引种指导　10.00元
现代中国大豆　118.00元
大豆标准化生产技术　6.00元
大豆植保员培训教材　8.00元
大豆病虫害诊断与防治原色图谱　12.50元
大豆病虫草害防治技术　5.50元
大豆胞囊线虫及其防治　4.50元
大豆病虫害及防治原色图册　13.00元
绿豆小豆栽培技术　1.50元
豌豆优良品种与栽培技术　4.00元
蚕豆豌豆高产栽培　5.20元
甘薯栽培技术（修订版）　4.00元
甘薯生产关键技术100题　6.00元
彩色花生优质高产栽培技术　10.00元
花生高产种植新技术（修订版）　9.00元
花生高产栽培技术　3.50元
花生病虫草鼠害综合防治新技术　9.50元
优质油菜高产栽培与利用　3.00元

以上图书由全国各地新华书店经销。凡向本社邮购图书或音像制品，可通过邮局汇款，在汇单“附言”栏填写所购书目，邮购图书均可享受9折优惠。购书30元（按打折后实款计算）以上的免收邮挂费，购书不足30元的按邮局资费标准收取3元挂号费，邮寄费由我社承担。邮购地址：北京市丰台区晓月中路29号，邮政编码：100072，联系人：金友，电话：(010)83210681、83210682、83219215、83219217（传真）。